武夷山国家公园
江西片区**大型真菌图册**（1）

宋海燕　范强勇　方毅　程林　胡殿明　著

中国林业出版社
China Forestry Publishing House

图书在版编目（CIP）数据

武夷山国家公园江西片区大型真菌图册．1 / 宋海燕
等著．-- 北京 ： 中国林业出版社，2025．5．-- ISBN
978-7-5219-3165-5

Ⅰ．Q949.320.8-64

中国国家版本馆 CIP 数据核字第 2025KD6437 号

责任编辑：贾麦娥
书籍设计：北京美光设计制版有限公司

出版发行：中国林业出版社
　　　　　（100009，北京市西城区刘海胡同7号，电话 83143562）
网　　址：https://www.cfph.net
印　　刷：河北京平诚乾印刷有限公司
版　　次：2025年5月第1版
印　　次：2025年5月第1次印刷
开　　本：889mm×1194mm　1/16
印　　张：14.5
字　　数：301千字
定　　价：168.00元

《武夷山国家公园江西片区大型真菌图册(1)》
编辑委员会

　　武夷山乃享誉全球的名山。它既是著名历史文化遗产的载体，又是保护人类社会环境的重要生态屏障，更是研究生物多样性的天然实验室与遗传基因宝藏。

　　在青少年时，我就知道武夷山是一座拥有丰富历史文化底蕴的名山。它是朱子理学与茶文化的发源地，有大量的摩崖石刻、古城、书院、寺院等古迹，也是著名旅游度假胜地。

　　自从投身科研工作之后，我便逐渐认识到武夷山对我国地理气候与全球生物多样性等方面有着更重要的科学意义。从全球来看，武夷山具有最典型的东亚环太平洋带地质构造，复杂的地形和气候条件为孑遗物种提供了理想的"避难所"，是古生物演化的"摇篮"；它有全球同纬度地区保存最完整、面积最大的中亚热带原生森林生态系统，是研究亚热带森林与季雨林生态的典型样本；它拥有大量珍稀生物资源，已被联合国教科文组织列为世界生物圈保护区，对研究和保护全球生物多样性具有重要意义。就其具体的地理气候环境而言，武夷山是中国东南部最高的山脉之一，地处中亚热带，气候温暖潮湿，是长江下游支流与闽江流域的重要界山，加上它东南侧面向广阔的太平洋，水汽充沛，森林覆盖率高，生物多样性极其丰富，已发现野生高等植物 6337 种，野生脊椎动物 1007 种，是中国陆地生物多样性保护的重点地区之一。

　　而今，本人作为一位从事大型真菌资源与分类学研究数十年的科研工作者，更加关注武夷山大型真菌资源的研究进展。真菌是自然界生物多样性的重要组成部分，其物种数比绿色高等植物的种类还要多出数倍，在生态系统中起着重要作用，也和人类生活息息相关。然而，由于真菌通常个体较小或出现的时间较短，不容易被人们关注，人们对它们的了解远不如大型植物和动物，对武夷山真菌资源的认识也相当有限。十多年前，江西农业大学胡殿明教授团队就对武夷山（江西片区）大型真菌资源开展了调查研究，并发表相关的名录。近年团队再次对该地区的大型真菌资源进行系统的调查研究，并根据实际调查研究的结果，编著完成了《武夷山国家公园江西片区大型真菌图册（1）》，共 200 多种，为江西武夷山大型真菌研究填补了空白，为这一陆地生物多样性保护的重点地区积累了可靠的大型真菌资源一手资料，是华东乃至全国大型真菌资源研究的重要成果之一。

这一图文并茂的精美图书的问世让我十分欣喜！相信它也能为大型真菌研究人员、相关专业的师生、蘑菇爱好者等读者提供丰富的知识与良好的阅读感受。

本人十分乐意为本书作序，并借此机会向胡殿明教授团队表示祝贺！

当然，我们也十分清楚，相关研究还远没有结束。让我们共同期待同样精彩的《武夷山国家公园江西片区大型真菌图册（2）》等成果能在不久的将来面世。

中国菌物学会第五、第六届理事会副理事长
第七、第八届菌物多样性及系统学专业委员会主任委员
广东省科学院微生物研究所首席专家、二级研究员

2025 年 3 月 31 日 于广州

前　言

武夷山既是一座历史名山，也是一座生物物种多样性的天然宝库。武夷山是中国 11 个具有全球意义陆地生物多样性保护的关键地区之一，是全国唯一一个既加入世界人与生物圈组织，又建在"双世遗"（世界自然遗产与世界文化遗产）上的重要保护地。武夷山国家公园分为福建片区和江西片区。江西片区植物物种多样性非常丰富，记录有高等植物 2862 种，隶属于 295 科 1134 属。并且该地区气候温暖潮湿，是大型真菌的天然温床。为了便于公园工作人员以及真菌爱好者、相关学生和科研工作者对武夷山国家公园江西片区的大型真菌进行快速的初步形态鉴定，特撰写此书以供参考。

本书作者胡殿明教授团队于 2021—2023 年对武夷山国家公园江西片区进行了较为系统的大型真菌资源调查工作。经过近 3 年的调查，共收集大型标本 1000 余份，对大部分标本都进行了分子和形态鉴定，发表了大型真菌新物种 6 种，共鉴定和描述大型真菌 209 种。然而，还有部分标本无法鉴定，可能为新物种。另外，由于林地条件复杂，即使用了 3 年的时间，也无法保证能采集到大部分物种，且不同年份以及同一年的不同季节真菌物种也差异较大。因此，我们认为武夷山国家公园江西片区仍有大量的大型真菌有待发现。所以，本书定名为《武夷山国家公园江西片区大型真菌图册（1）》。希望以后还有机会继续调查，并撰写第二册。

本书第一章简单介绍了武夷山国家公园江西片区的一些基本情况。第二、三章为大型真菌物种描述。本书共描述了大型真菌 52 科 203 种，其中，大型子囊菌 8 科 21 种，大型担子菌 44 科 182 种（含科分类地位未定的 7 种）。物种描述部分，提供了大型真菌的生态彩色照片和文字描述，便于读者对照鉴定；提供了武夷山采集的相关标本编号，这些标本都保藏在江西农业大学真菌标本馆。另外，我们还根据文献报道，记录了所描述大型真菌的经济价值。

　　在本书的撰写过程中，宋海燕博士负责全书主体撰写和检查，范强勇局长和方毅副局长对本书的撰写进行总体把握，程林科长对本书的结构布局以及封面设计等进行了筹划，胡殿明教授负责全书的整体思路撰写和多次修改。胡殿明教授课题组研究生周凡、郭文涛、廖立宇、黄亮、许冬阳参与了本书相关标本的采集、物种描述、图片拍摄等工作。

　　本书还得到广东微生物研究所李泰辉研究员、河北农业大学李国杰博士、江西科技师范大学赵宽副教授、中国科学院吴刚研究员的审阅和帮助，在这里一并表示感谢！由于作者水平有限，内容难免出现错漏，还请广大读者不吝指教。

本书作者

2024 年 12 月 2 日

目 录

第一章

采样地概述

采样地概况

　　武夷山是一座具有悠久地质演变历史的世界名山，被称为镶嵌在大陆东南屋脊上的绿色明珠，也是一座经过大陆内部造山运动而最终成型的具有地学典型意义的天下名山。武夷山国家公园江西片区（以下简称"江西片区"）坐落在海拔2160.8m的武夷山脉主峰黄岗山，这里保存了江西省50%以上的高等植物、60%以上的脊椎动物遗传基因，被称为珍稀植物的王国、奇禽异兽的天堂，是我国东南陆域最高山地，享有"大陆东南第一峰"的美誉。园区内保存有世界同纬度现存最完整、最典型、最原始的中亚热带原生性中山森林生态系统，孕育了丰富的生物多样性，素有"植物的宝库""鸟的天堂""蛇的王国""昆虫的世界""研究亚洲两栖爬行动物的钥匙""世界生物模式标本产地"之称，郑光美院士盛赞保护区是"生物资源宝库，黄腹角雉的乐园"。武夷山区是珍贵树种群落和珍稀野生动植物的自然集中分布区，是闻名于世的生物多样性宝库，是中国11个具有全球意义陆地生物多样性保护的关键地区之一，是全国唯一一个既加入世界人与生物圈组织，又建在"世界自然遗产与世界文化遗产"上的重要保护地。

　　江西片区主要保护对象为中亚热带中山山地森林生态系统，国家重点保护野生植物原生地和国家重点保护野生动物栖息地，以及典型自然景观和历史文化景观。

原生性较强的中亚热带中山山地自然生态系统，柳杉天然林、典型的垂直分布植被带谱和15.60km²的南方铁杉天然林。

珍稀野生动植物及其栖息地，包括红豆杉、南方红豆杉、伯乐树等国家和江西省重点保护野生植物及其生境；黄腹角雉、白颈长尾雉、黑麂、中华鬣羚、黑熊、藏酋猴、金斑喙凤蝶等国家重点保护野生动物及其栖息地。

典型自然景观和历史文化景观，包括黄岗山及其周边中亚热带中山森林景观、武夷山大峡谷地貌景观以及人文景观等。

采样地地理位置

　　江西片区地处江西省东北部的铅山县境内，武夷山脉北段、主峰黄岗山西北坡，地理坐标为东经 117° 39′ 35″ ～ 117° 59′ 33″，北纬 27° 48′ 12″ ～ 28° 2′ 53″，总面积 279km²（与东南坡的福建片区共同构成完整的中亚热带中山森林生态系统，武夷山国家公园总面积 1280km²，江西片区占总面积的 21.80%），其中核心保护区面积 125.96km²，占总面积的 45.15%，一般控制区面积 153.04km²，占总面积的 54.85%。涉及 1 县 1 镇 2 乡 4 林场 1 国家级保护区，其中武夷山镇 213.01km²，占总面积的 76.35%，篁碧乡 27.29km²，占总面积的 9.78%，英将乡 7.02km²，占总面积的 2.52%，原保护区自有 45.72km²，占总面积的 16.39%；其中国有林面积 251.58km²，占总面积的 90.20%，集体林面积 27.42km²，占总面积的 9.80%。

采样地资源情况

江西片区主要保护对象为中亚热带中山山地森林生态系统，以及国家重点保护植物原生地和国家重点保护动物栖息地。根据 2009 年《江西武夷山国家级自然保护区野生动植物资源调查与管理咨询报告》记录的 295 科 1131 属 2830 种高等植物数据，查阅近 13 年来发表的文献，结合植物多样性综合调查、兰科植物专项调查以及昆虫多样性调查等，截至 2023 年 7 月，江西片区记录高等植物 2862 种，隶属于 295 科 1134 属，其中，苔藓类植物有 68 科 170 属 289 种，蕨类植物有 42 科 88 属 254 种，裸子植物有 6 科 20 属 28 种，被子植物有 179 科 856 属 2291 种。经初步统计，共记录高等脊椎动物 5 纲 37 目 143 科 392 属 637 种，包括哺乳类 8 目 25 科 63 属 91 种，鸟类 20 目 71 科 207 属 360 种，爬行类 2 目 22 科 56 属 94 种，两栖类 2 目 9 科 21 属 34 种，鱼类 5 目 16 科 45 属 58 种；除此之外，国家公园范围内还记录到无脊椎动物 1599 种。其中具有特殊地位的代表性资源，一是原生性较强的中亚热带中山山地自然生态系统，植被垂直带谱典型发育，尤其是残存的第三纪孑遗植物、林龄在 300 年以上的南方铁杉原始林逾 $400hm^2$，分布总面积达 $15.60km^2$，更为全球仅有。二是珍稀野生动植物及其栖息地，由于该地区躲过了第四纪冰川的侵袭，成为许多孑遗植物的避难所，是红豆杉、南方红豆杉、鹅掌楸、伯乐树、木莲等 50 多种古生代树种、国家和江西省重点保护野生植物的种源保存地；黑麂、中华鬣羚、黑熊、藏酋猴、黄腹角雉、白颈长尾雉、金斑喙凤蝶等国家重点保护野生动物在此繁衍生息，是中国特有雉类、国家一级保护野生动物黄腹角雉最大野生种群保存地和中国特有鹿科动物、国家一级保护野生动物黑麂近 31 年来的唯一新分布地。

因此，江西片区具有极高的保护和科研价值，是研究我国亚热带东部亚高山地区植被及其森林生态系统起源、发育、演替，以及社会发展与自然生态系统演化的相互关系等重要科研项目的理想基地。

第二章

大型子囊菌

虫草科（Cordycipitaceae）

虫草属（*Cordyceps*）

蝉花

Cordyceps chanhua Z. Z. Li, F. G. Luan, N. L. Hywel-Jones, C. R. Li & S. L. Zhang

分生孢子体由从蝉蛹头部长出的孢梗束组成。虫体表面棕黄色，为灰色或白色菌丝包被。孢梗束长 1.5～8cm，分枝或不分枝。上部可育部分长 4～7mm，直径 2.5mm，总体长椭圆形、椭圆形或纺锤形或穗状，长有大量白色粉末状分生孢子。不育菌柄长 1.5cm，直径 1～3mm，黄色至黄褐色。分生孢子梗（6～9）μm ×（3～5）μm，瓶状，中部膨大，末端渐细或突然窄细，常成丛聚生在束丝上。分生孢子（4～13）μm ×（1.4～3.7）μm，长椭圆形、纺锤形或近半月形，具 1～3 个油滴。

研究标本： WYS100，WYS117。
经济价值： 药用。

台湾虫草

Cordyceps formosana Kobayasi & Shimizu, Bull. natn. Sci. Mus., Tokyo, B 7(4): 113 (1981)

　　单生或多个群生于甲虫幼虫虫体上。子座高 2～4cm，可由寄主任何部位长出，棍棒状。可育部分长 4～9mm，直径 2.5～5mm，圆柱形，橙红色至橘红色。子囊壳近表生，分散或致密。子囊孢子线形，分隔多，成熟时断裂，形成分生孢子，分生孢子（4.5～8）μm ×（1.5～2.3）μm。

研究标本： WYS40, WYS53。

经济价值： 可药用。

勿忘虫草

Cordyceps memorabilis (Ces.) Ces., Comm. Soc. crittog. Ital. 1(fasc. 1): 192 (1861)

子座 10～15mm，白色，几乎不分枝或偶二叉分枝，直立至稍弯曲，肉质至纤维质。可育部分长 5～10mm，直径 1.5～2mm，圆柱形，等粗，不育菌柄短，长 2～4mm，直径 0.8～1.3mm。子囊孢子线形。

研究标本： WYS361。
经济价值： 未知。

蛾蛹虫草

Cordyceps polyarthra Möller, Bot. Mitt. Trop. 9: 213 (1901)

无性分生孢子体长于蛾蛹上，由多根孢梗束组成。虫体被灰白色或白色菌丝包被。孢梗束高 2.5～4cm，群生或近丛生，常有分枝。孢梗束柄纤细，黄白色、浅青黄色、蛋壳色至米黄色，部分偶带淡褐色，光滑。上部多分枝，白色，粉末状。分生孢子（2～3）μm ×（1.5～2）μm，近球形至广椭圆形。

研究标本： WYS80。
经济价值： 药用。

棒束孢属（*Isaria*）

细脚棒束孢

Isaria tenuipes Peck, Ann. Rep. N. Y. St. Mus. nat. Hist. 31: 44 (1878)

无性分生孢子体长于蛾蛹上，由多根孢梗束组成。虫体被灰白色或白色菌丝包被。孢梗束高2.1～3.7cm，群生或近丛生，常有分枝。孢梗束柄纤细，黄白色、浅青黄色、蛋壳色至米黄色，部分偶带淡褐色，光滑。上部多分枝，白色，粉末状。分生孢子（2～3）μm×（1.5～2）μm，近球形至广椭圆形。

研究标本： WYS44。
经济价值： 药用。

柔膜菌科（Helotiaceae）

小双孢盘菌属（*Bisporella*）

橘色小双孢盘菌

Bisporella citrina (Batsch) Korf & S. E. Carp., Mycotaxon 1(1): 58 (1974)

子囊盘直径约 3.5mm，杯形至盘形，上、下表面均光滑，柠檬黄色至橘黄色，干后褶皱，颜色变深。菌柄短小且下端渐细或不具柄，光滑。子囊（100～135）μm×（7～10）μm。子囊孢子（8.5～14）μm×（3～5）μm，椭圆形，表面光滑，具油滴，成熟后常具隔。夏秋季密集群生于阔叶林腐木上。

研究标本： WYS171。

经济价值： 未明。

炭团菌科（Hypoxylaceae）

轮层炭壳属（*Daldinia*）

启迪轮层炭壳菌

Daldinia childiae J. D. Rogers & Y. M. Ju, in Rogers, Ju, Watling & Whalley, Mycotaxon 72: 512 (1999)

　　子座宽 1.5～6cm，球形至近球形，近无柄，外表红褐色、褐色至暗褐色，近光滑至有细小疣突。子座内部纤维状，有时胶状，有灰色至黑色同心环纹。子座色素在氢氧化钾溶液中呈茶褐色。子囊孢子（10～17）μm ×（6～7）μm，不等边椭圆形，黄褐色至深褐色，光滑。发芽孔线形，较子囊孢子稍短或与子囊孢子等长，外壁易脱落。

研究标本： WYS50。
经济价值： 药用。

黑轮层炭壳

Daldinia concentrica (Bolton) Ces. & De Not., Comm. Soc. crittog. Ital. 1(fasc. 4): 197 (1863)

子座宽1～7cm，高3～8cm，扁球形至不规则土豆形，多群生或相互连接，初褐色至暗紫红褐色，后黑褐色至黑色，近光滑，光滑处常反光，成熟时出现不明显的子囊壳孔口。子座内部木炭质，剖面有黑白相间或部分几乎全黑色至紫蓝黑色的同心环纹。子座色素在氢氧化钾溶液中呈淡茶褐色。子囊壳埋生于子座外层，往往有点状的小孔口。子囊（130～210）μm×（9～12）μm。子囊孢子（10～19）μm×（4～7.5）μm，不等边椭圆形或近肾形，光滑，暗褐色，发芽孔线形。

研究标本： WYS38。
经济价值： 药用。

西班牙轮层炭菌

Daldinia pyrenaica M. Stadler & Wollw., Mycotaxon 80: 180 (2001)

　　子实体通常为半球形或凹陷球形，（3～5）cm ×（2～4）cm ×（1.5～3.5）cm。子实体表面平滑，没有可见的子囊壳轮廓，颜色为棕色，随时间变黑并变得光亮。子囊壳呈披针形，（1～1.6）mm ×（0.4～0.5）mm。子囊壳的孔口为脐状，子囊孢子为棕色至暗棕色，单细胞，椭球形不等边或较少情况下为等边，具有狭窄或较少情况下为宽阔的圆形端，（10～14）μm ×（5～7）μm，在凸侧具有直线发芽裂缝。

研究标本： WYS470。
经济价值： 药用。

锤舌菌科（Leotiaceae）

锤舌菌属（*Leotia*）

润滑锤舌菌

Leotia lubrica (Scop.) Pers., Neues Mag. Bot. 1: 31 (1794)

子实体分化成头部与柄部，头部黄绿色，边缘内卷，柄部黄色，表面粗糙，全株宽 0.32～0.64cm，高 1.24～2.67cm。子囊长柱状，无盖，内含 8 个子囊孢子，子囊大小（116.5～181.4）μm ×（9.8～14.5）μm。子囊孢子纺锤形，稍弯，透明无色，表面平滑，内含数个油滴，成熟时出现 3～5 个隔板，（15～29）μm ×（6～8）μm。

研究标本： WYS141，WYS259。
经济价值： 未明。

黏滑锤舌菌

Leotia viscosa Fr., Syst. mycol. (Lundae) 2(1): 30 (1822)

子囊盘直径 8～15mm，帽状至扁半球形。子实层表面近橄榄色，有不规则皱纹。菌柄长 2～5cm，直径 0.2～0.4cm，近圆柱形，稍黏，黄色至橙黄色，被同色细小鳞片。

研究标本： WYS140。
经济价值： 未明。

线虫草科（Ophiocordycipitaceae）

线虫草属（*Ophiocordyceps*）

叉尾线虫草

Ophiocordyceps appendiculata (Kobayasi & Shimizu) G. H. Sung, et al. Mycol. 57: 40 (2007)

子座通常棍棒状，新鲜时革质，无特殊气味，基部浅黄色，中部黄褐色，顶部黑褐色，内部白色，干后木栓质，外部灰褐色至黑褐色，光滑至略粗糙，内部白色，可以长达 6cm，直径可达 2mm。子座菌丝无色，厚壁，频繁分隔，偶尔分枝，规则排列，直径通常为 3～6 μm，有时膨胀可达 12 μm。子囊壳位于子座顶部，黑褐色，壳口突出，具稍尖的不育顶部，基部幼时具绒毛，成熟后绒毛脱落；子囊圆柱状，无色，具线状开口，内含 2 个子囊孢子。子囊孢子线状，无色，薄壁，成熟后多分隔。

研究标本：WYS58。
经济价值：药用。

下垂线虫草（椿象草）

Ophiocordyceps nutans (Pat.) G. H. Sung, J. M. Sung, Hywel-Jones, et al. Mycol. 57: 45 (2007)

　　子座单生，偶尔 2～3 根，从寄主胸侧长出。地上部高 4.6～17cm，分为头部和柄部。头部长 0.2～1.4cm，宽 0.1～0.3cm，长椭圆形至短圆柱形，新鲜时橙红色或橙黄色，随着成熟逐渐褪色呈黄色，最后浅黄色，老熟后下垂。菌柄长 5～13cm，不规则弯曲，纤维状肉质，黑色至黑褐色，有金属光泽，外皮与内部组织间有空隙，内部为白色。子囊孢子线形，无色，薄壁，光滑，成熟后断裂形成分生孢子。分生孢子（5.6～9.8）μm ×（1.7～2.5）μm，短圆柱形。

研究标本： WYS55。
经济价值： 药用。

毛棒弯颈霉属（*Tolypocladium*）

独角龙弯颈霉

Tolypocladium dujiaolongae Y. P. Cao & C. R. Li, in Li, Hywel-Jones, Cao, Nam & Li, Mycotaxon 133(2): 234 (2018)

　　子座长 3～6cm，头部长 0.5～1.5cm，直径 4～6mm，棒状，肉质，橙黄色至暗绿色，干后黑色，多单生。地上部分高 3～4cm。可育头部长 4～11mm，宽 3～5mm，椭圆形、倒卵形至棒状，暗褐色，干后近黑色。

研究标本： WYS608。
经济价值： 食毒未明。

火丝菌科（Pyronemataceae）

粉盘菌属（*Aleurina*）

伊迈饰粉盘菌

Aleurina imaii (Korf) W. Y. Zhuang & Korf, Mycotaxon 26: 374 (1986)

　　子囊盘初期杯状或陀螺状，随后变为盘状，直径 1～2.5cm，通常群生，有短柄，子囊盘外部表面粗糙，颗粒状，干燥时呈棕色。子囊尺寸为（220～310）μm ×（11～17）μm，8孢子，单层壁，圆柱形，顶端圆形，非淀粉质，从十字形器中生出。子囊孢子椭圆形，尺寸为（11～19）μm ×（7～14）μm，单行排列，无色，成熟时表面有细微的疣状突起。

研究标本： WYS260。
经济价值： 未明。

松塔牛肝菌属（*Strobilomyces*）

长柄松塔牛肝菌

Strobilomyces longistipitatus D. Chakr., K. Das & S. Adhikari, in Tibpromma et al., Fungal Diversity 83: 200 (2017)

　　子实体单生或群生。菌盖球形至斗笠形，白色，表面被浅红棕色丛毛状鳞片，菌盖直径2～8cm，不黏，幼嫩时在边缘与菌柄形成丝状菌膜，成熟后菌膜脱落或悬挂在菌盖边缘；菌管白色，较密，在菌柄处下凹；菌柄长5～13cm，直径0.5～1cm，圆柱形，肉质，实心，菌柄中生，上面白色，下部同盖色，表面附着长绒毛；菌肉白色，肉质，较薄。

研究标本： WYS253。
经济价值： 食毒不明。

混淆松塔牛肝菌

Strobilomyces velutinus J. Z. Ying, in Ying & Ma, Acta Mycol. Sin. 4(2): 100 (1985)

　　子实体单生或群生。菌盖初半球形，后渐平展至中间稍下凹，黑褐色至黑色，表面被黑色丛毛状鳞片，菌盖直径 5cm，不黏，幼嫩时在边缘与菌柄形成丝状菌膜，成熟后菌膜脱落或悬挂在菌盖边缘；菌管与孔口同色，为黄褐色、褐色，较稀疏，在菌柄处稍延生，菌管长 0.4～0.9cm；菌柄长 5cm，直径 0.9～1.3cm，圆柱形，肉质，实心，菌柄中生，褐色，表面凹凸不平，附着绒毛状鳞片；菌肉褐色，肉质，较薄。

研究标本： WYS329。
经济价值： 食毒不明。

乳牛肝菌属（*Suillus*）

乳牛肝菌

Suillus bovinus (L.) Roussel, Fl. Calvados: 34 (1796)

子实体单生或群生。菌盖初半球形至扁半球形，后渐平展，幼嫩时黄色至黄粉色，成熟后黄棕色至棕色，菌盖直径 4～7.5cm，湿时黏，光滑，边缘黄白色，内卷；菌肉黄白色至黄色，肉质，较薄，0.3～0.7cm，伤后不变色；菌管幼嫩时黄色，成熟后棕黄色，菌管较稀疏，菌管长 0.3～0.8cm，在菌柄处延生；孔口与菌管同色，孔口圆形、椭圆形至不规则形，每毫米 1 个，在菌盖边缘呈菌褶状；菌柄长 3.5～7cm，直径 0.6～1cm，圆柱形，肉质，实心，菌柄中生，黄色至黄褐色，表面有丝状附着物；菌肉黄白色至黄色，肉质，伤后不变色。

研究标本：WYS365，WYS486。
经济价值：可食用。

铅紫牛肝菌属（*Sutorius*）

紫盖铅紫牛肝菌

Sutorius eximius (Peck) Halling, Nuhn & Osmundson,
Mycologia 104(4): 955 (2012)

　　菌盖直径 5～12cm，扁半球形，暗紫色、铅紫色至紫罗兰褐色，不黏或湿时稍黏。菌肉污白色至浅紫色，靠近盖皮处具有紫色颗粒物，厚0.4～1cm，伤后不变色。菌管黄白色、淡紫色至浅三文鱼色，很密，每毫米 2～3 个，伤后不变色，菌管易脱落。孔口成熟后淡紫色至粉褐色，圆形。菌柄长 5～10cm，直径 0.8～2cm，圆柱形，紫灰色至灰色，密被紫色至紫褐色细小鳞片；菌柄菌肉淡紫色至紫色，伤后不变色；基部菌丝污紫色。

研究标本： WYS366，WYS493。

经济价值： 有毒。

粉孢牛肝菌属（*Tylopilus*）

橙色粉孢牛肝菌（近缘种）

Tylopilus aff. *aurantiacus* Yan C. Li & Zhu L.Yang

　　子实体单生或群生。菌盖初半球形，后渐平展至边缘上翘为浅漏斗形，黄色、橙黄色至橙红色，菌盖直径4～7cm，不黏，菌肉黄白色至浅黄色，肉质，较厚，伤后不变色，厚0.4～0.8cm；菌管黄白色，伤后变黑褐色，较稀疏，每毫米1～2个，在菌柄处稍下凹；孔口白色至棕色，圆形至多角形，伤后变蓝色至黑色；菌柄长4.5～6cm，直径1～2cm，圆柱形至梭形，肉质，实心至空心，菌柄中生，上部橙黄色，中部橙红色；菌柄菌肉黄色，肉质，伤后不变色；基部菌丝白色。

研究标本：WYS517，WYS522。

经济价值：可食用。

新苦粉孢牛肝菌

Tylopilus neofellus Hongo, J. Jap. Bot. 42(5): 154 (1967)

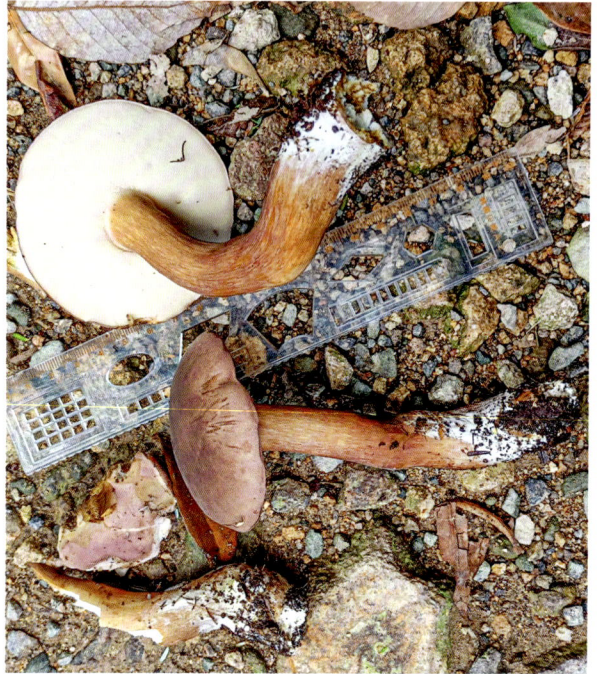

　　子实体单生或群生。菌盖半球形至平展为圆形，酒红色，中间颜色较深，边缘较浅，菌盖直径 5～10cm，不黏，菌肉白色，肉质，较厚，伤后不变色，厚 0.4～1.3cm；菌管白色至粉红色，伤后不变色，较密，每毫米 2～3 个，在菌柄处稍下凹；菌柄长 6～12cm，直径 0.6～1.2cm，圆柱形，肉质，实心，菌柄中生，黄褐色至酒红色；菌柄菌肉白色，肉质，伤后不变色；基部菌丝白色。

研究标本：WYS265，WYS266，WYS267，WYS270，WYS278。

经济价值：可食用。

大津粉孢牛肝菌

Tylopilus otsuensis Hongo, Mem. Fac. lib. Arts Educ. Shiga Univ., Nat. Sci. 16: 60 (1966)

　　子实体单生或群生。菌盖初半球形，后渐至平展，幼嫩时灰褐色，成熟后黄褐色，中间颜色较深，为褐色，菌盖直径 2～10cm，不黏，菌肉白色至浅黄色，肉质，较厚，伤后不变色，厚 0.6～1.6cm；菌管幼嫩时黄白色，成熟后粉红色，伤后不变色，较密，每毫米 2～3 个；孔口白色至黄白色，圆形至多角形，伤后不变色；菌柄长 4～8.5cm，直径 1.2～2cm，圆柱形至梭形，肉质，实心，菌柄中生，黄白色、灰褐色至黑褐色；菌柄白色至黄白色，肉质，伤后不变色；基部菌丝黄白色。

研究标本：WYS527，WYS557。

经济价值：有毒。

金孢牛肝菌属（*Xanthoconium*）

紫柄金孢牛肝菌

Xanthoconium violaceipes Fan Zhou, H. Y. Song & D. M. Hu, in Zhou, Gao, Song, Hu, Yang, Zhang, Liao, Fang, Cheng & Hu, Journal of Fungi 9(8, no. 814): 10 (2023)

　　子实体中等至大型。菌盖直径 1～10cm，初半球形后渐平展为圆形，幼嫩时紫黑色至紫色，成熟后为棕绿色，中间颜色稍深，边缘颜色较浅，菌盖直径 1～10cm；菌盖菌肉中央厚度 0.3～0.7cm，白色，受伤时不变色；子实层体贴生在菌柄周围，非常稠密；孔口圆形至多角形，每毫米 2～3 个，幼嫩时为白色，成熟后为黄色至黄褐色；菌管长达 1cm，白色至浅棕色，伤后不变色。菌柄长 2～10.5cm，直径 0.6～1.5cm，圆柱形，实心，菌柄中生，表面干燥，具有明显的紫黑色，靠近菌盖的位置交织为网状，菌柄菌肉白色至浅粉色，伤后不变色。气味不易区分。担子（20～36）μm ×（11.5～16）μm，薄壁，棒状，具有四孢子，担子梗长 3～7μm，在氢氧化钾溶液中为无色至透明色。

研究标本： WYS121，WYS619，WYS642。

经济价值： 未知。

紫褐金孢牛肝菌

Xanthoconium violaceofuscum Fan Zhou, H. Y. Song & D. M. Hu, in Zhou, Gao, Song, Hu, Yang, Zhang, Liao, Fang, Cheng & Hu, Journal of Fungi 9(8, no. 814): 12 (2023)

　　子实体中等至大型。菌盖直径 3～13cm，半球形至扁半球形，紫褐色，表面干燥，被深红褐色绒毛状鳞片，菌盖中间的菌肉厚度达 1.5cm，伤后先变为蓝色后变为黑色。子实层贴生至稍下凹于菌柄周围。孔口规则排列，菌管长达 1.5cm，幼嫩时紫褐色，老后（成熟）为黄褐色，伤后先变蓝色再变黑色。菌柄长 3.5～7cm，直径 1～3cm，中生，棒状或圆柱形，不等粗，有时上粗下细，有时上细下粗，实心，表面干燥，幼嫩时紫褐色至黑色，成熟时为黑色，菌柄菌肉浅紫褐色，伤后缓慢变黑，基部菌丝紫色。气味不易区分。担子（22～34）μm×（7.5～13）μm，薄壁，棒状，4 孢子，担子梗长 2～6μm。

研究标本： WYS717，WYS724。
经济价值： 未知。

绒盖牛肝菌（*Xerocomus*）

赭红绒盖牛肝菌

Xerocomus rutilans Fan Zhou, H. Y. Song & D. M. Hu, in Zhou, Gao, Song, Hu, Yang, Zhang, Liao, Fang, Cheng & Hu, Journal of Fungi 9(8, no. 814): 13 (2023)

　　子实体单生或群生。菌盖初半球形，后平展至浅漏斗形，菌盖直径 2.2～5.6cm，初土黄色至棕黄色，成熟后变为深棕色至黑褐色；菌盖表面幼嫩时密被土黄色绒毛，成熟后表面龟裂成褐色至黑褐色鳞片，菌肉白色，中心厚度达 0.8cm，伤后不变色。菌管金黄色，较稀疏，长达 1cm，伤后变蓝色；孔口黄色，伤后变蓝色，稀疏，每毫米约 1 个，子实层不规则形，在菌柄处稍下凹且稍延生；菌柄长 2.5～5cm，直径 0.4～0.7cm，圆柱形或弯曲，实心，菌柄中生，少数偏生，上部附着浅棕色至红褐色绒毛，基部附着白色菌丝，菌柄菌肉白色至浅棕色，伤后不变色，气味不易区分。担子（26～45）μm ×（9～11.5）μm，壁薄，棒状，4 孢子，担子梗长 3.5～6μm。

研究标本： WYS531，WYS693。
经济价值： 未知。

亚细小绒盖牛肝菌

Xerocomus subparvus Xue T. Zhu & Zhu L. Yang, Fungal Diversity 81: 181 (2016)

子实体单生或群生。菌盖半球形，后平展，棕色至褐色，有时黄白色至灰褐色，分布细小的褐色斑点，菌盖直径 2.5～5.5cm，干燥，不黏；菌肉白色至浅黄白色，伤后不变色，厚 0.3～0.7cm，菌管黄白色至亮黄色，较稀疏，伤后变蓝色，每毫米 1～2 个；孔口黄色至亮黄色，不规则形，伤后变蓝色，在菌柄处稍延生；菌柄长 3.5～6cm，直径 0.4～0.7cm，圆柱形，易弯曲，肉质，实心，菌柄中生，黄色至黄褐色；菌肉白色，伤后不变色，肉质。

研究标本： WYS403，WYS654。
经济价值： 有毒。

黄褐绒盖牛肝菌

Xerocomus subsplendidus Fan Zhou, H. Y. Song & D. M. Hu, in Zhou, Gao, Song, Hu, Yang, Zhang, Liao, Fang, Cheng & Hu, Journal of Fungi 9(8, no. 814): 16 (2023)

　　子实体中等至大型。菌盖直径 2.9～9cm，半球形至平展，表面干燥，菌盖幼嫩时赭红色，老后或干燥后变为黄褐色，菌盖中间的菌肉厚度达 1cm，白色，干燥后变为黄白色，伤后不变色。子实层贴生至稍下凹于菌柄周围。孔口排列不规则，在菌柄周围稍高，菌管长达 1cm，幼嫩时黄色，老后（成熟）为黄棕色，伤后不变色。菌柄长 4～9cm，直径 1～3cm，中生，圆柱形，实心，表面被白色绒毛状鳞片，干燥，菌柄菌肉白色，伤后不变色，基部菌丝白色，气味不易区分。担孢子（27～38.5）μm ×（9～11）μm，薄壁，棒状，4 孢子，担子梗长 3～7μm。

研究标本： WYS232，WYS704，WYS712，WYS715，WYS718。

经济价值： 未知。

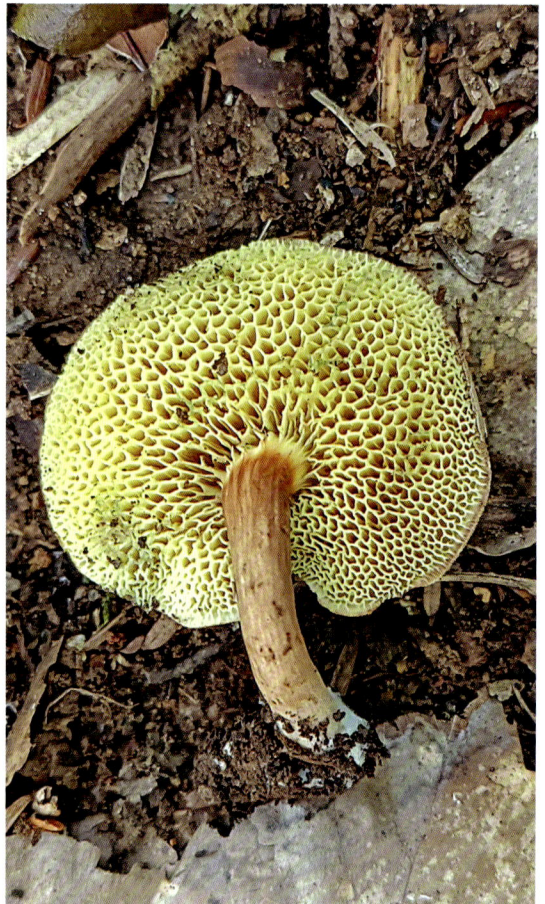

丽口包科（Calostomataceae）

丽口包属（*Calostoma*）

日本丽口包

Calostoma japonicum Henn., Bot. Jb. 31: 738 (1902)

子实体头部 0.5～1.2cm，直径 0.5～1cm，近球形或近梨形，具明显褶皱，基部有柄。菌柄长 0.5～1cm，直径 0.5～1cm。嘴部红色，呈星状开裂，裂片分叉。外包被污白色，成熟后龟裂为颗粒状疣突；内包被软骨质；孢体铅灰色。担子圆柱状或棒状，4～10 个孢子。担孢子（11～13）μm ×（6～7）μm，椭圆形，近透明无色，表面具细小的颗粒状突起。

研究标本：WYS71。
经济价值：具有药用价值。

珊瑚菌科（Clavariaceae）

拟锁瑚菌属（*Clavulinopsis*）

环沟拟锁瑚菌

Clavulinopsis sulcata Overeem, Bull. Jard. bot. Buitenz, 3 Sér. 5: 279 (1923)

子实体丛生，弯曲生长，高5～10cm，直径0.3～0.5cm，红色，后变为淡粉红色、浅肉色或黄褐色，常呈扁平状，梭形，顶端尖，幼时内实，后变中空；柄短，不明显，近柱状，浅红色至红色，后变为淡粉红色、浅肉色或黄褐色。孢子球形至近球形，光滑，无色，（5～7）μm×（6～7）μm，有小尖。

研究标本： WYS114。
经济价值： 可食用。

杯伞科（Clitocybaceae）

拟金钱菌属（*Collybiopsis*）

簇生金钱菇

Collybiopsis confluens (Pers.) R. H. Petersen, in Petersen & Hughes, Mycotaxon 136(2): 341 (2021)

　　子实体较小，菌盖直径 2～3.5cm。菌盖钟形至凸镜形，菌盖表面光滑，具明显的放射状条纹，淡褐色至黄褐色，边缘颜色较浅，湿时边缘具短条纹。菌肉较薄，淡褐色。菌褶弯生至离生，密集生长，窄，不等长，浅灰褐色至米黄色，褶缘白色。菌柄中生，圆柱形，上下近等粗，有时弯曲，中空，表面光滑或具沟纹，淡红褐色，向基部颜色较深，表面具白色绒毛，菌柄长 4～6cm，直径可达 0.3cm。菌柄基部常黏。

研究标本： WYS33。
经济价值： 不明。

丝膜菌科（Cortinariaceae）

丝膜菌属（*Cortinarius*）

Cortinarius cremeolinus

Cortinarius cremeolinus Soop, Bull. Soc. mycol. Fr. 117(2): 103 (2001)

　　菌盖直径 2.5～5cm，表面黏，近平展，奶油色至象牙黄，中部颜色深，近平展。菌褶直生，生长较密，与菌盖同色。菌柄较短，2～3.5cm，直径约 1cm，棕褐色，柄中空，无特殊气味。担孢子椭圆形，（7～9.3）μm ×（4～6）μm。

研究标本： WYS495。
经济价值： 不明。

Cortinarius fulvo-ochrascens

Cortinarius fulvo-ochrascens Rob. Henry, Bull. trimest. Soc. mycol. Fr. 59: 55 (1943)

　　菌盖直径7～12cm，紫红色至蓝紫色，扁凸镜形至近平展，边缘内卷。菌褶蓝紫色至紫色，直生，生长密集。菌柄长 5 ～ 10cm，直径 1 ～ 1.5cm，紫褐色至褐色，圆柱形，表面有竖条纹，菌柄基部膨大呈球状。担孢子近椭圆形，（11 ～ 15）μm ×（6 ～ 8.5）μm。

研究标本： WYS199。
经济价值： 不明。

半血红丝膜菌

Cortinarius semisanguineus (Fr.) Gillet, Hyménomycètes (Alençon): 484 (1876) [1878]

　　菌盖直径 4～5.5cm，初期钟形，渐平展，中部钝或凸起，黄色至黄褐色。菌肉薄，较硬且脆，污白色至淡黄色。菌褶直生，后弯生，稍密，幅窄，血红色至暗红色，后期为黄褐色至锈褐色。菌柄长5～8cm，直径 0.5～1cm，近圆柱形，铬黄色至橘黄色，中实。担孢子（6～7）μm ×（3～5）μm，椭圆形，具麻点，锈褐色。

研究标本： WYS593。
经济价值： 有毒。

Cortinarius subargyronotus

Cortinarius subargyronotus Niskanen, Liimat. & Kytöv., in Liimatainen, Index Fungorum 198: 3 (2014)

　　菌盖直径 2～3.6cm，初圆锥形至半球形，后渐平展，中部稍下凹，有明显条纹，边缘内卷，褐色，中心略带深棕色，表面湿时黏。菌褶与菌盖同色，直生，生长稀疏。菌柄圆柱形，有裂片，长 4～4.5cm，直径 0.4～0.6cm，棕色至褐色，中空。担孢子（9～11）μm ×（5～7）μm，椭球状，黄褐色，表面疣状，无淀粉蛋白糊精类反应。

研究标本： WYS181。
经济价值： 不明。

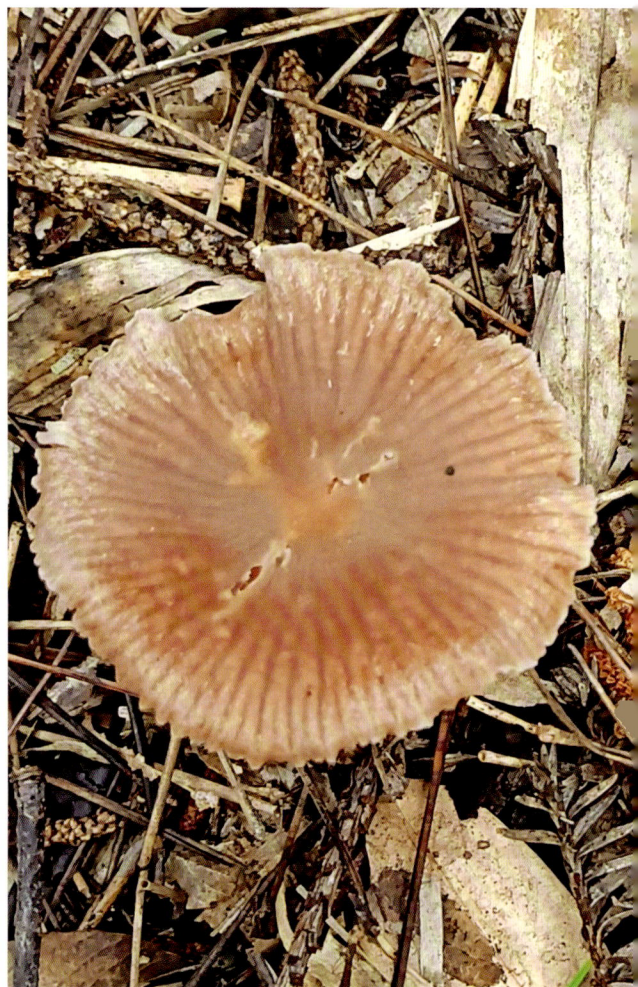

锈耳科（Crepidotaceae）

靴耳属（*Crepidotus*）

黄棕靴耳

Crepidotus flavobrunneus A. M. Kumar & C. K. Pradeep, in Kumar, Pradeep & Aime, Mycol. Progr. 21(1): 318 (2022)

菌盖近扇形或近半圆形，直径 1～3cm，边缘内卷，黄白色至污白黄色，基部密集污白黄色或黄褐色细毛；菌肉黄色，靠近基部较厚；菌褶黄色至污黄色，后呈褐黄色至灰褐色。

研究标本： WYS210。
经济价值： 不明。

花耳科（Dacrymycetaceae）

胶角耳属（*Calocera*）

中国胶角耳

Calocera sinensis McNabb, N. Z. Jl Bot. 3(1): 36 (1965)

子实体高 5～15mm，直径 0.5～2mm，淡黄色、橙黄色，偶淡黄褐色，干后红褐色、浅褐色或深褐色，硬胶质，棒状，偶分叉，顶端钝或尖，横切面有 3 个环带。子实层周生。菌丝具横隔，壁薄，光滑或粗糙，具锁状联合。担子（25～52）μm ×（4～5）μm，圆柱状至棒状，基部具锁状联合。担孢子（10～13）μm ×（5～6）μm，弯圆柱状，薄壁，具小尖，具一横隔，隔薄壁，无色。

研究标本： WYS28。
经济价值： 未知。

耳壳菌科（Dacryobolaceae）

泊氏孔菌属（*Postia*）

赤杨泊氏孔菌

Postia alni Niemelä & Vampola, Karstenia 41(1): 7 (2001)

　　子实体一年生，单生，革质，易碎。菌盖半圆形，外伸可达 3cm，宽可达 6cm，基部厚可达 1cm；表面奶油色、乳灰色、蓝灰色至淡灰褐色；边缘锐或钝，波状，干后内卷。孔口表面初期乳白色至奶油色，后期灰色、淡灰蓝色至灰蓝色，无折光反应；近圆形至不规则形，每毫米 4～5 个；边缘薄，全缘至撕裂状。菌肉奶油色，脆，厚 5～6mm。菌管灰蓝色，纤维质，长 3～4mm。担孢子（3.5～4）μm×（1～1.5）μm，圆柱形至腊肠形，薄壁，光滑，非淀粉质，不嗜蓝。

研究标本： WYS10, WYS51。
经济价值： 具有药用价值。

双被地星科（Diplocystidiaceae）

硬皮地星属（*Astraeus*）

马其顿地星

Astraeus macedonicus Rusevska, Karadelev, Tellería & M. P. Martín, in Crous et al., Persoonia 42: 381 (2019)

　　子实体幼时直径 1.5cm，球形或扁球形，半埋生于土中，基部附有黑色的短根状菌束，成熟后露出地面。外包被开裂，星状，9～13 瓣裂，干燥时向内卷曲，分为 3 层，外层薄，中层纤维质，内层软骨质，灰白色，龟裂状。内包被膜质，薄，光滑，淡灰色，呈袋状，基部和外皮愈合，顶端形成一小口。担孢子直径 9～13 μm，球形，厚壁，有疣状突起，褐色。孢丝直径 5～7 μm，分枝丝状，分枝较少，厚壁，淡黄色，有时可见内部狭窄的细胞腔，有锁状联合。

研究标本： WYS407，WYS443，WYS723。

经济价值： 未知。

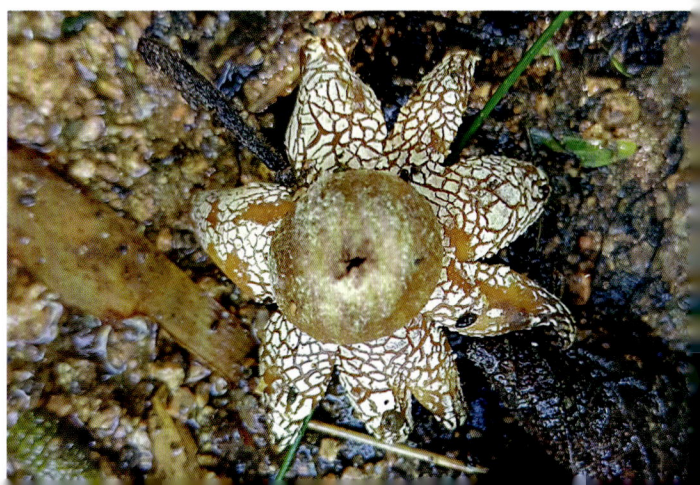

粉褶蕈科（Entolomataceae）

斜盖伞属（*Clitopilus*）

华软斜盖伞

Clitopilus sinoapalus S. P. Jian & Zhu L. Yang, in Jian, Bau, Zhu, Deng, Yang, Zhao, Mycologia 112(2): 385 (2020)

　　菌盖直径 2～3cm，伞状，中心凹陷，有不明显条纹，白色至污白色，边缘波浪状。菌褶延生，奶白色至白色，生长较密集，菌柄长 1.5～2.5cm，直径 0.3～0.5cm，弯曲生长，近圆柱形，与菌盖同色。担孢子（4～6）μm×（3.5～5）μm，球形至近球形，或于剖面面视图中宽椭球形至椭球形。

研究标本： WYS567。

经济价值： 不明。

粉褶蕈属（*Entoloma*）

Entoloma calabrum

Entoloma calabrum Battistin, Marsico, Vizzini, Vila & Ercole, in Ariyawansa et al., Fungal Diversity: 10.1007/s13225-015-0346-5, [170] (2015)

　　菌盖直径 2～3cm，凸镜形，褐色，具不明显皱纹，光滑。菌肉近柄处厚 1～3mm，白色，气味和味道不明显。菌褶宽达 1mm，略厚，直生或近弯生，较密，白色，不等长。菌柄长 4～6cm，直径 0.4～0.6cm；基部宽 1.5～1.8cm，菌柄弯曲生长，褐色，基部具白色菌丝体。

研究标本： WYS348。
经济价值： 不明。

灰蓝粉褶菌

Entoloma griseocyaneum (Fr.) P. Kumm., Führ. Pilzk. (Zerbst): 97 (1871)

菌盖直径 2～3cm，平展，棕褐色、褐色至浅褐色，中部颜色加深为黑褐色，有明显条纹，被黑色细小鳞片，菌褶直生，土褐色，生长较密集，菌柄长 2～4cm，直径约 0.5cm，棕褐色，圆柱形。

研究标本： WYS150。
经济价值： 不明。

墨江粉褶菌

Entoloma henrici E. Horak & Aeberh., in Horak, Cryptog. Mycol. 4(1): 21 (1983)

　　菌盖直径 6～14cm，伞形、钟形或扁半球形，黄褐色、土褐色至土黄色，有不明显条纹，边缘内卷；菌褶延生，污白色至黄白色，生长较密集，菌柄长 5～10cm，直径 1～1.8cm，有竖条纹，圆柱形，与菌褶同色，基部膨大为球形，白色。

研究标本： WYS455。
经济价值： 不明。

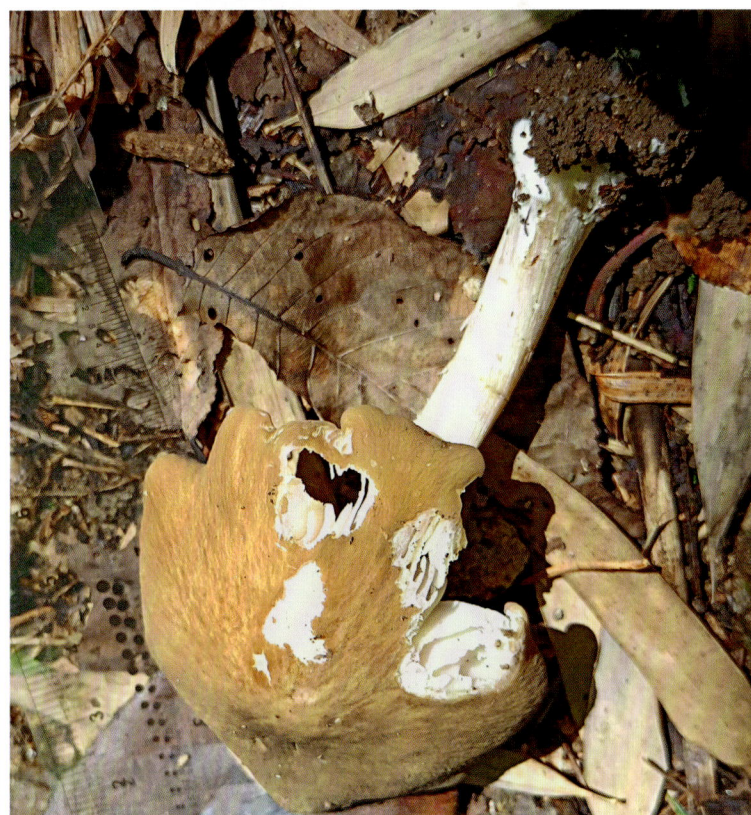

科曼迪粉褶菌

Entoloma kermandii G.M. Gates & Noordel., Persoonia 19(2): 164 (2007)

菌盖直径 5～8cm，近平展，靠近中部隆起，墨色至青黑色，表面有不明显条纹，菌褶离生，生长较密集，白色、奶油色至奶黄色，菌柄长 5～7cm，与菌盖同色，弯曲生长，菌肉白色。

研究标本： WYS145，WYS575。

经济价值： 不明。

九州粉褶蕈

Entoloma kujuense (Hongo) Hongo [as 'kyjuense'], in Katumoto, List of Fungi Recorded in Japan (Tokyo): 308 (2010)

菌盖直径 2.5～7.5cm，幼时凸镜形或半球形，成熟后近平展，有时边缘撕裂，深紫色或紫蓝色，不黏，边缘无条纹。菌肉白色，菌褶直生，白色。菌柄长 3～9cm，直径 0.3～0.7cm，圆柱形，与菌盖同色，实心，基部具白色菌丝体。担孢子（10.1～12.4）μm ×（7.1～8.4）μm，异径，6～7 角，有时呈瘤状角，淡粉红色。

研究标本： WYS56，WYS690。
经济价值： 不明。

纯黄粉褶菌

Entoloma luteum Peck, Ann. Rep. Reg. N. Y. St. Mus. 54: 146 (1902) [1901]

　　菌盖直径 1～3cm，半球形、凸镜形或近钟形，光滑至具纤毛，顶端具小鳞片，无脐突或尖突，浅黄色至深黄色，成熟后颜色变浅带粉红色泽，具条纹。菌肉白色或带浅黄色，薄。菌褶直生或近离生，较稀，初白色，后变粉色。菌柄长 4～7cm，直径 0.3～0.5cm，圆柱形，中空，具纵条纹，脆。担孢子宽 7～9μm，方形，淡粉红色。

研究标本： WYS149，WYS316。

经济价值： 不明。

穆雷粉褶蕈

Entoloma murrayi (Berk. & M. A. Curtis) Sacc. & P. Syd., Syll. fung. (Abellini) 14(1): 127 (1899)

　　菌盖直径 2.1～3.8cm，斗笠形至圆锥形，顶部具显著长尖突或乳突，光滑或具纤毛，具条纹或浅沟纹，浅黄色至黄色或鲜黄色，有时带柠黄色。菌肉薄。菌褶直生或弯生，较稀，与菌盖同色至带粉红色。菌柄长 3～7cm，直径 0.2～0.4cm，圆柱形，光滑至具纤毛，黄白色、浅黄色至接近菌盖颜色，有细条纹，空心，向下稍膨增大。担孢子宽 6.9～9.3μm，方形，壁厚，淡粉红色。

研究标本： WYS05，WYS146。

经济价值： 药用、有毒。

近江粉褶蕈

Entoloma omiense (Hongo) E. Horak, Trans. Mycol. Soc. Japan 27(1): 72 (1986)

菌盖直径 2～4cm，初圆锥形，后斗笠形至近钟形，中部常稍尖或稍钝，浅黄褐色，具条纹，光滑。菌肉薄，白色。菌褶直生，较密，薄，白色。菌柄长 4～13cm，直径 0.3～0.4cm，圆柱形，近白色至与盖色接近，光滑，基部具白色菌丝体。担孢子（10～12）μm ×（9～11）μm，等径至近等径，5～6 角，多 5 角，淡粉红色。

研究标本： WYS166，WYS157，WYS223，WYS290，WYS417。

经济价值： 有毒。

佩氏粉褶蕈

Entoloma petchii E. Horak, Beih. Nova Hedwigia 65: 129 (1980)

　　菌盖直径 4～6cm，幼时扁半球形，成熟后扁凸镜形，棕褐色，被深色点状鳞片，菌盖中部有脐凸，边缘内卷；菌褶与菌盖同色，生长较密集，离生；菌柄长 6～12cm，直径 0.3～0.6cm，幼时青白色，后颜色加深为青褐色，圆柱形，基部膨大为球形，白色。

研究标本： WYS414。
经济价值： 不明。

Entoloma shwethum

Entoloma shwethum Manim., A.V. Joseph & Leelav., Mycol. Res. 99(9): 1088 (1995)

　　菌盖直径 1～2cm，伞形或钟形，中部有尖状凸起，具密集条纹，棕褐色至褐色，边缘内卷，稍撕裂，菌褶离生，生长密集，白色至浅白褐色，菌柄长 3～5cm，直径 0.3～0.5cm，弯曲生长，表面浅白褐色，靠近菌褶处白色，基部膨大呈球形，白色。

研究标本： WYS412。
经济价值： 不明。

尖顶粉褶蕈

Entoloma stylophorum (Berk. & Broome) Sacc., Syll. fung. (Abellini) 5: 687 (1887)

菌盖直径 0.5~1.7cm，初圆锥形或凸镜形，后平凸形或平展，顶端具明显尖突或乳突，白色、黄白色或白色略带灰色至带微粉红色。菌肉薄，白色，直生，生长较稀至稍密，初白色，后变粉红色。菌柄长 3.3~4.2cm，直径 0.2~0.3cm，中空，白色或带奶油色，光滑或具细绒毛，基部具白色菌丝体。担孢子（9~11）μm ×（8~9）μm，异径，5~7 角，淡粉红色。

研究标本： WYS144。
经济价值： 不明。

近杯伞状粉褶菌

Entoloma subclitocyboides W. M. Zhang, in Zhang, Li, Bi & Zheng, Acta Mycol. Sin. 13(3): 195 (1994)

菌盖直径6～10cm，杯伞状或漏斗状，初被短柔毛，后变光滑，褐色、污黄色至淡黄褐色，中部至边缘渐浅，被浅褐色纤毛或极细鳞片，边缘渐光滑。菌肉厚0.1～0.2cm，白色。菌褶直生，生长密集，初白色，成熟后粉红色，不等长。菌柄长6～8cm，直径1～2cm，米色或污褐色，比菌盖色浅，具条纹，上端具褐色细微颗粒，基部具白色菌丝体。担孢子（7～9）μm×（7～8）μm，等径，4～5角，多5角，淡粉红色。

研究标本： WYS152，WYS159，WYS241。
经济价值： 不明。

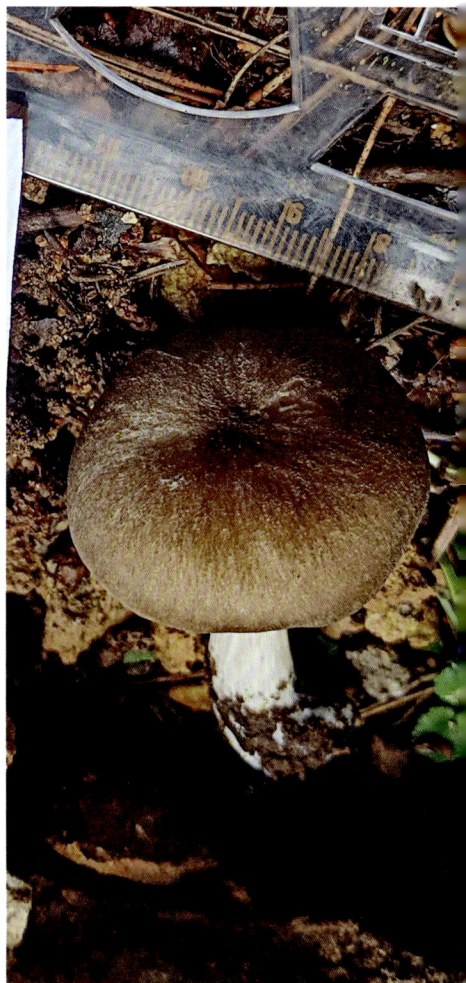

波状粉褶蕈

Entoloma undatum (Gillet) M. M. Moser, in Gams, Kl. Krypt.-Fl., Edn 4 (Stuttgart) 2b/2: 211 (1978)

　　菌盖直径 3.5～4cm，幼时钟形、半球形或伞形，成熟后边缘外翻形成喇叭形、漏斗形或杯形，幼时白色至奶油色，后变棕色、褐色至赭褐色，被细小褐色鳞片。菌褶延生，与菌盖同色，生长密集，菌柄长 4～5cm，污白色，圆柱形，直径约 0.5cm，基部膨大为球形，白色。

研究标本： WYS477。
经济价值： 不明。

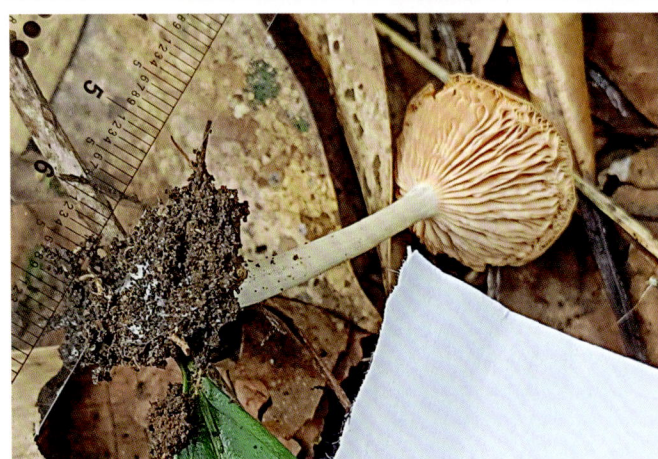

白肉迷孔菌科（Fomitopsidaceae）

薄孔菌属（*Antrodia*）

苹果薄孔菌

Antrodia malicola (Berk. & M. A. Curtis) Donk, Persoonia 4(3): 339 (1966)

　　子实体一年生，无柄，单生或覆瓦状叠生，新鲜时无嗅无味，木栓质，干后硬木栓质。菌盖半圆形，单个菌盖外伸可达 2～5cm，宽可达 1～3cm，厚可达 7mm；表面新鲜时淡黄色至黄褐色，干后土黄色至黄褐色；边缘锐，淡黄色至黄褐色。孔口表面淡黄褐色或土黄色至黄褐色，具折光反应；形状不规则，圆形或近圆形至多角形，每毫米 2～3 个；边缘薄，全缘。不育边缘明显，奶油色至淡黄褐色，宽可达 5mm。菌肉奶油色至浅黄褐色，木栓质，厚可达 2mm。菌管单层，淡黄褐色，新鲜时木栓质，干后木质，长可达 7mm。担孢子（7～8）μm ×（3.5～4）μm，圆柱形至椭圆形，无色，薄壁，光滑，非淀粉质，不嗜蓝。

研究标本： WYS57。
经济价值： 造成木材腐朽。

王氏薄孔菌

Antrodia wangii Y. C. Dai & H. S. Yuan, in Dai, Yuan, He & Decock, Mycosystema 25(3): 372 (2006)

　　子实体一年生，平伏反卷或平伏，难与基物剥离，新鲜时无特殊气味，革质，干后木栓质。菌盖外伸可达 1cm，宽 8～10cm，厚 5～6mm；表面新鲜时奶油色，干后浅黄褐色，光滑；边缘锐。孔口表面新鲜时奶油色，干后奶油色至浅黄色，无折光反应；圆形至多角形，每毫米 4～5 个。孔口边缘薄，全缘。菌肉奶油色至浅黄色，无同心环区，木栓质，较薄，厚可达 1mm。菌管与菌肉同色，木栓质，长可达 5mm。担孢子（6～7）μm×（2～3）μm，圆柱形，有时稍弯曲，无色，厚壁，光滑，非淀粉质，不嗜蓝。

研究标本： WYS13，WYS546。
经济价值： 造成木材腐朽。

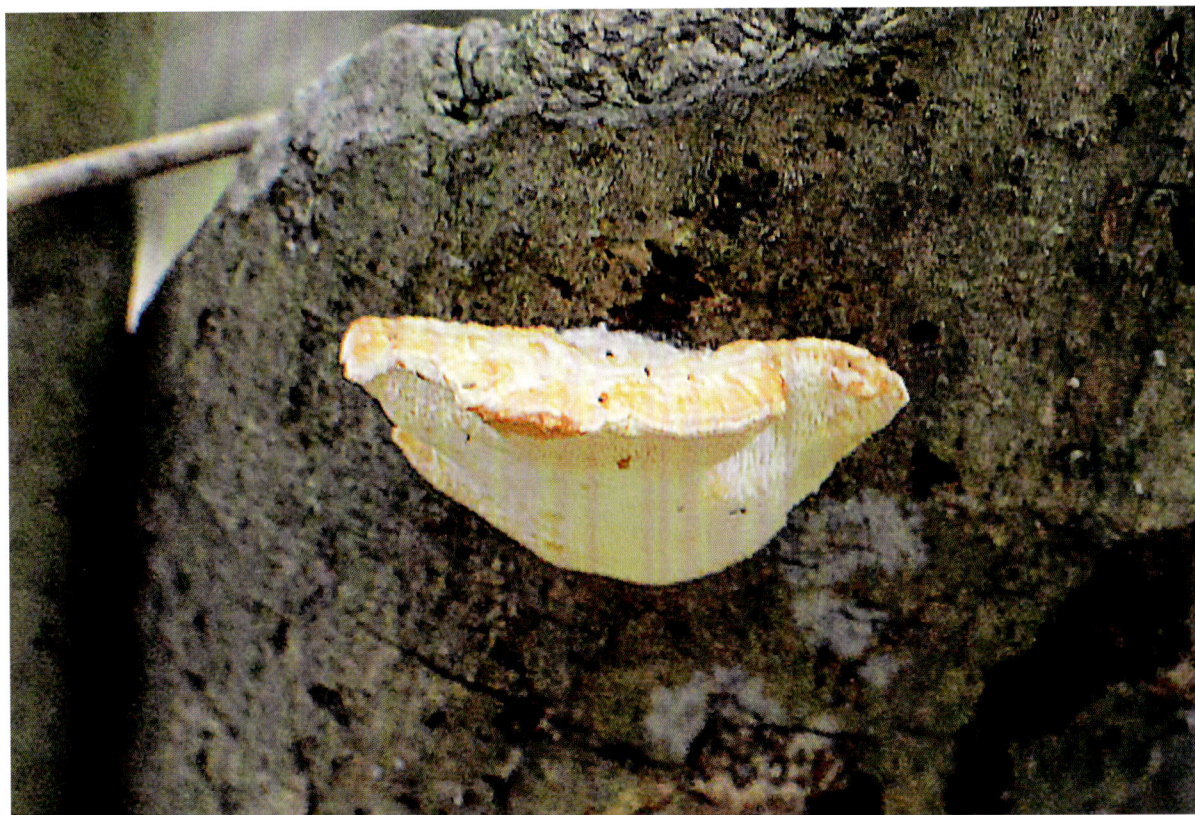

滴孔菌属（*Piptoporus*）

梭伦剥管孔菌

Piptoporus soloniensis (Dubois) Pilát, in Kavina & Pilát, Atlas Champ. l'Europe, III, Polyporaceae (Praha) 1: 126 (1937)

子实体一年生，具侧生短柄或无柄，覆瓦状叠生，新鲜时软革质，干后软木栓质。菌盖半圆形或圆形，直径25～48cm，中部厚36～40mm；表面新鲜时乳白色，干后赭石色；边缘锐，新鲜时波状，干后内卷。孔口表面新鲜时乳白色，干后赭石色，无折光反应；近圆形，每毫米4～5个；边缘薄或略厚，全缘。菌肉新鲜时奶油色，肉质，干后浅黄色或浅粉黄色，海绵质或软木栓质，厚可达20mm。菌管与孔口表面同色，长可达10mm。菌柄新鲜时奶油色，干后浅赭石色，被细绒毛或光滑，长可达2cm，直径可达20mm。担孢子（5～6）μm×（3～4）μm，椭圆形，无色，薄壁，光滑，非淀粉质，不嗜蓝。

研究标本： WYS54。
经济价值： 造成树木腐朽。

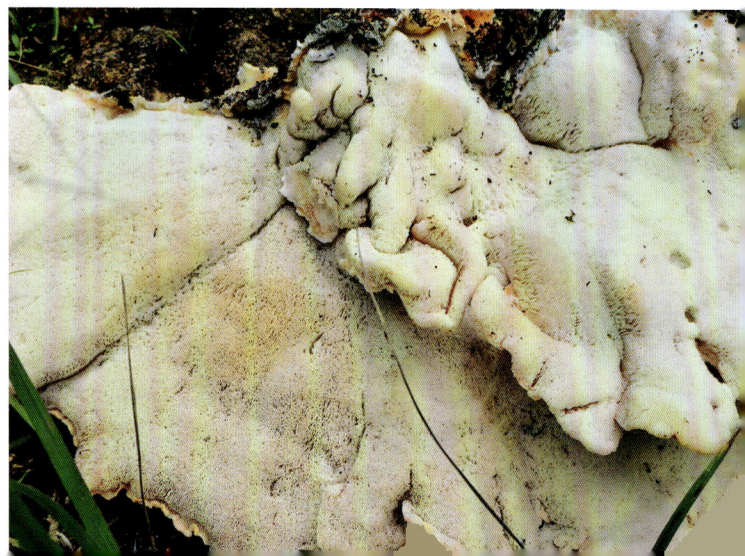

拟盔孢菌科（Galeropsidaceae）

斑褶菇属（*Panaeolus*）

蝶形斑褶菇

Panaeolus papilionaceus (Bull.) Quél., Mém. Soc. Émul. Montbéliard, Sér. 25: 152 [122 repr.] (1872)

　　菌盖直径 2～4.5cm，钟形，灰褐色至黄褐色，中部有时龟裂成鳞片，边缘有时有菌幕残余。菌肉污白色。菌褶弯生，灰黑色，有深浅色斑。菌柄长 11～13cm，直径 0.4～0.6cm，圆柱形，污白色至灰褐色。菌环上位，易消失。担孢子（17～21）μm ×（8～11）μm，椭圆形，光滑，暗褐色，有芽孔。

研究标本： WYS476。
经济价值： 有毒。

钉菇科（Gomphaceae）

小陀螺菌属（*Turbinellus*）

毛钉菇

Turbinellus floccosus (Schwein.) Earle ex Giachini & Castellano, Mycotaxon 115: 196 (2011)

　　菌盖直径 3～7cm，喇叭状，黄色、橘红色至橘黄色，被红色鳞片，中央下陷至菌柄基部。菌褶不典型或阙如，皱褶状，延生，污白色至淡黄色。菌柄长 3.1～6.7cm，直径 0.5～2cm，圆柱形，污白色至淡黄色。担孢子（12～15）μm ×（6～8）μm，椭圆形，平滑至稍粗糙。菌丝无锁状联合。

研究标本： WYS88，WYS351。
经济价值： 有毒。

铆钉菇科（Gomphidiaceae）

铆钉菇属（*Gomphidius*）

粉红铆钉菇

Gomphidius roseus (Fr.) Oudem., Arch. néerl. Sci. Exact. Nat. 2: 13 (1867)

　　子实体单生或群生，小型。菌盖初期钟形或近圆锥形，后平展，中部凸起，浅粉色至棕红色，光滑，湿时黏，干时有光泽，边缘稍内卷，菌盖直径 2～3cm；菌肉白色至粉白色，伤后不变色，厚 0.4～0.7cm；菌褶黄白色、浅绿色至浅锈黄色，伤后变黑色，稀疏，不等长，具短小的菌褶，延生；菌柄长 4cm，直径 0.5～0.8cm，圆柱形且向下渐细，稍黏，肉质，实心，菌柄中生，白色，表面附着白色丝状物；菌柄菌肉白色至灰白色，肉质，伤后不变色；基部菌丝黄色。

研究标本： WYS599。
经济价值： 可食用。

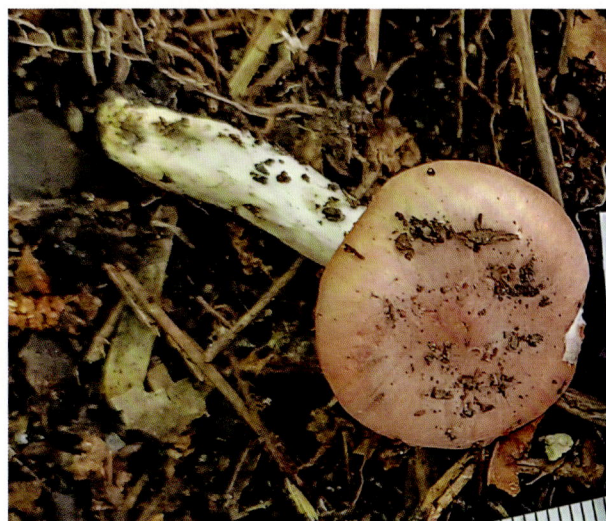

圆孔牛肝菌科（Gyroporaceae）

圆孔牛肝菌属（*Gyroporus*）

长囊圆孔牛肝菌

Gyroporus longicystidiatus Nagas. & Hongo, in Nagasawa, Rep. Tottori Mycol. Inst. 39: 18 (2001)

　　子实体单生或群生。菌盖半球形至平展为圆形，橙黄色，中间较深，边缘稍浅，菌盖直径2～5cm，不黏；菌肉白色，厚0.6～1cm，伤后不变色；菌管白色，较密，在菌柄处伤后不变色，孔口白色至污白色，圆形至多角形，伤后不变色；菌柄长3～7cm，直径1～1.5cm，圆柱形，肉质，空心，菌柄中生，黄色；菌柄菌肉白色，肉质，伤后不变色。

研究标本： WYS255。
经济价值： 可食用。

齿菌科（Hydnaceae）

鸡油菌属（*Cantharellus*）

阿巴拉契亚鸡油菌

Cantharellus appalachiensis R. H. Petersen, Svensk bot. Tidskr. 65: 402 (1971)

子实体高 4～12cm，肉质，较薄，喇叭形，淡黄色至棕褐色。菌盖直径 5～12.5cm，初期扁平，后下凹，平滑，生长盛期略黏，边缘波状，有时瓣裂，内卷或外翻。菌褶延生，棱褶状，狭窄而稀疏，分叉或相互交织。菌柄长 3～8cm，直径 0.7～2cm，向下渐细，杏黄色，光滑，实心。担孢子（8～10）μm×（5～7）μm，椭圆形，光滑，透明。

研究标本： WYS358，WYS587。
经济价值： 未知。

喇叭菌属（*Craterellus*）

灰喇叭菌

Craterellus cornucopioides (L.) Pers., Mycol. eur. (Erlanga) 2: 5 (1825)

　　菌盖直径 3～7.5cm，中部深凹，灰色、灰褐色至灰黑色，被细小鳞片，边缘波状或向下卷。菌肉薄。菌褶阙如。子实层体淡灰色至灰紫色，平滑至近平滑。菌柄长 2～5cm，直径 0.6～1cm，向下变细，灰色、灰褐色至灰黑色，空心。担孢子（10～14）μm ×（7～10）μm，椭圆形，光滑。

研究标本： WYS342。

经济价值： 可食用，药用。

轴腹菌科（Hydnangiaceae）

蜡蘑属（*Laccaria*）

紫蜡蘑

Laccaria amethystina Cooke, Grevillea 12(no. 63): 70 (1884)

　　菌盖直径 1.8～4.7cm，初扁球形，后渐平展，中央下凹成脐状，蓝紫色或藕粉色至灰紫色，似蜡质，干燥时灰白色带紫色，后边缘波状或瓣状并有粗条纹，常有细小鳞片，不黏，有沟纹。菌肉同菌盖色，薄。菌褶直生至稍下延或近弯生，宽，稀疏，不等长，与菌盖同色或稍深。菌柄长 4～7cm，直径 0.2～0.7cm，近圆柱形，与菌盖同色，有绒毛，下部常弯曲。担孢子（8.4～13）μm ×（7.2～11.5）μm，球形或宽椭圆形，有小刺或小疣，小刺长 1.5～2.5μm，无色。

研究标本： WYS246，WYS264，WYS249。

经济价值： 可食用。

双色蜡蘑

Laccaria bicolor (Maire) P. D. Orton, Trans. Br. mycol. Soc. 43(2): 280 (1960)

　　菌盖直径 4～5cm，初期扁半球，后期稍平展，中部平或稍下凹，边缘内卷，浅赭色或暗粉褐色，干燥时色变浅，表面有条纹。菌肉污白色或浅粉褐色。无明显气味。菌褶浅紫色至暗色，干后色变浅，直生至稍延生，等长、厚、宽，边缘稍呈波状。菌柄长 5～6cm，直径 0.5～1cm，细长，柱形，常扭曲，同盖色，具长的条纹和纤毛，浅紫色，基部稍粗且有淡紫色绒毛，松软至空心。孢子近卵圆形。秋季生针阔混交林地上，群生或散生。

研究标本： WYS242，WYS645。
经济价值： 可食用。

蜡伞科（Hygrophoraceae）

湿伞属（*Hygrocybe*）

硫黄湿伞

Hygrocybe chlorophana (Fr.) Wünsche, Die Pilze: 112 (1877)

　　菌盖直径 2～4cm，初期扁半球形，后渐平展至开裂，不黏，近光滑或具细微鳞片，橙黄色至橘黄色。菌肉薄，淡黄色。菌褶离生，稀，较厚，浅黄色。菌柄长 3.5～4cm，直径 0.2～0.4cm，圆柱形或略扁，有时弯曲，初实心，后中空，脆骨质，表面光滑，上部橙黄色，下部色淡。担孢子（8～10）μm×（5.5～6）μm，椭圆形，光滑，无色。

研究标本： WSY461。
经济价值： 食毒不明。

湿伞属一种

Hygrocybe sp.

　　菌盖直径2～3.5cm，棕黑色，平展。中部下凹形成喇叭状，边缘稍撕裂，有明显条纹，菌褶延生，初为白色，后渐变棕色，生长稀疏，菌柄长2～3.5cm，与菌盖同色，近圆柱形，靠近菌褶处较粗。

研究标本： WYS346，WYS605。
经济价值： 不明。

刺革孔菌科（Hymenochaetaceae）

集毛菌属（*Coltricia*）

厚集毛孔菌

Coltricia crassa Y. C. Dai, Fungal Diversity 45: 140 (2010)

子实体一年生，具侧生柄。菌盖半圆形至扇形，外伸可达 2～5cm，宽可达 5cm，基部厚可达 2～3cm；表面铁锈褐色，具粗毛，具同心环带；边缘钝。孔口表面奶油色至浅黄色；多角形，每毫米 1～2 个；边缘薄，全缘。菌肉黄褐色至白棕色，干后较脆，具窄的环区，厚可达 12mm。菌管与孔口表面同色或略深，干后易碎，长可达 3mm。菌柄锈褐色，木栓质，光滑，长 4～5cm，直径 1.5～2.5cm。担孢子（10～12）μm×（5～6.5）μm，椭圆形，浅黄色，厚壁，光滑，非淀粉质，嗜蓝。

研究标本： WYS530。
经济价值： 未知。

喜红集毛孔菌

Coltricia pyrophila (Wakef.) Ryvarden, Norw. Jl Bot. 19: 231 (1972)

　　子实体一年生，具中生柄。菌盖略圆形至漏斗形，直径可达 2～3cm，中部厚可达 1～2mm。菌盖表面新鲜时红褐色至黄褐色，具不明显的同心环区，被微绒毛；边缘薄，锐，有时呈撕裂状，干后内卷或外卷。孔口表面新鲜时橄榄黄色，干后肉桂色至褐色；多角形，每毫米 3～4 个；边缘薄，全缘。菌肉干后浅黄褐色，软革质，厚可达 1mm。菌管与孔口表面同色，干后易碎，长可达 0.5mm。菌柄暗褐色，长可达 2.5mm，直径可达 3mm。担孢子（7～10）μm ×（4.5～5）μm，广椭圆形，浅黄色，厚壁，光滑，非淀粉质，不嗜蓝。

研究标本： WYS41。

经济价值： 未知。

魏氏集毛孔菌

Coltricia weii Y. C. Dai, in Dai, Yuan & Cui, Sydowia 62(1): 16 (2010)

子实体一年生，具中生柄，新鲜时革质，干后木栓质。菌盖圆形至漏斗形，直径可达3cm，中部厚可达1.5mm；表面锈褐色至暗褐色，具明显的同心环区；边缘薄，锐，撕裂状，干后内卷。孔口表面肉桂黄色至暗褐色；圆形至多角形，每毫米3～4个；边缘薄，全缘至略呈撕裂状。菌肉暗褐色，革质，厚可达0.5mm。菌管棕土黄色，长可达1mm。菌柄暗褐色至黑褐色，长可达1.5cm，直径可达2mm。担孢子（6～7）μm×（4～5.5）μm，广椭圆形，浅黄色，厚壁，光滑，非淀粉质，弱嗜蓝。

研究标本： WYS185。

经济价值： 未知。

嗜蓝孢孔菌属（*Fomitiporia*）

薄管层卧孔菌

Fomitiporia tenuitubus L. W. Zhou, Mycol. Progr. 11(4): 910 (2012)

子实体多年生，无柄盖形或平伏反卷，新鲜时木栓质，干后硬木质。菌盖蹄形或半圆形，外伸可达 7～9cm，宽可达 12cm，基部厚可达 1～3cm；表面浅黄褐色至暗褐色，具同心环沟，龟裂。边缘钝。孔口表面浅灰褐色至暗褐色；圆形至多角形，每毫米 6～8 个；边缘薄，全缘。菌肉浅灰褐色，厚可达 2.2cm。菌管层与菌肉同色，干后硬木栓质，分层不明显，长可达 5cm。担孢子（6～7）μm ×（5～7.5）μm，近球形，无色，厚壁，光滑，拟糊精质，嗜蓝。

研究标本： WYS558。

经济价值： 药用。

褐孔菌属（*Fuscoporia*）

中国褐孔菌

Fuscoporia chinensis Q. Chen, F. Wu & Y. C. Dai, in Chen, Du, Vlasák, Wu & Dai, Mycosphere 11(1): 1491 (2020)

　　子实体一年生，木栓质，扇形至贝壳形，成熟后外翻，覆瓦状贴生，新鲜时无气味或呈淡木屑味。菌盖外展2～2.5cm，直径4～5cm，表面淡黄棕色至深红色，具同心环纹，边缘钝，淡黄棕色，基部厚5～7mm。菌孔淡灰棕色至暗红棕色，长可达2mm，孔口呈角形或圆形。

研究标本： WYS436。
经济价值： 未知。

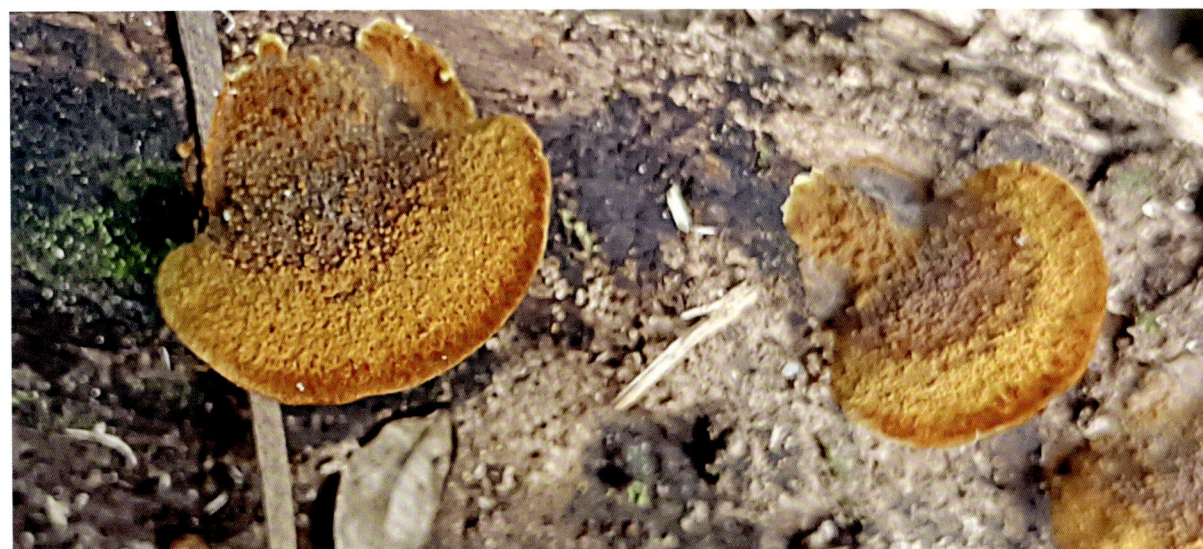

刺革菌属（*Hymenochaete*）

帽状刺革菌

Hymenochaete xerantica (Berk.) S. H. He & Y. C. Dai, Fungal Diversity 56(1): 90 (2012)

　　子实体一年生，无柄，革质，易碎。菌盖半圆形、扇形或不规则形，外伸可达 3cm，宽可达 5cm，基部厚可达 0.3mm；表面灰褐色至黑褐色，被绒毛，具不明显的环带；边缘锐，波状，新鲜时金黄色至黄褐色。子实层体灰褐色至褐色，具小突起。担孢子（3～4）μm ×（2～3）μm，椭圆形，无色，薄壁，光滑，非淀粉质，不嗜蓝。

研究标本： WYS437。

经济价值： 造成木材腐朽。

纤孔菌属（*Inonotus*）

聚生纤孔菌

Inonotus compositus Han C. Wang, Nova Hedwigia 83(1-2): 137 (2006)

子实体一年生，盖形，木栓质。菌盖半圆形，外伸可达 8cm，宽可达 10cm，基部厚可达 3.5cm；表面新鲜时柠檬黄色，后期变暗，粗糙，具同心环沟；边缘钝，肉桂色至橘黄褐色。孔口表面新鲜时灰黄色至浅黄色，触摸后变为红褐色；多角形，每毫米 2～3 个；边缘薄，全缘。菌肉浅褐色，厚可达 3cm。菌管与孔口表面同色，长可达 5mm。担孢子（6～7）μm ×（4～5）μm，椭圆形，浅黄色，壁稍厚，光滑，非淀粉质，嗜蓝。

研究标本： WYS16。
经济价值： 未知。

木层孔菌属（*Phellinus*）

平滑木层孔菌

Phellinus laevigatus (P. Karst.) Bourdot & Galzin, Hyménomyc. de France (Sceaux): 624 (1928) [1927]

　　子实体多年生，平伏或平伏反卷，木栓质至木质。平伏时长可达 30cm，宽可达 10cm，厚可达 2cm。菌盖窄半圆形，外伸可达 0.5cm，宽可达 10cm；表面黑色，无环带或具不明显的环带，具明显的皮壳，后期开裂至具裂缝；边缘钝。孔口表面黑红褐色至黑褐色，具强折光反应；圆形，每毫米 7～9 个；边缘厚，全缘。不育边缘黄褐色至锈褐色，宽可达 1mm。菌肉深褐色，厚可达 5mm。菌管与孔口表面同色，长可达 1.5cm。担孢子（3～4）μm ×（2～3.5）μm，宽椭圆形，无色，厚壁，光滑，非淀粉质，弱嗜蓝。

研究标本： WYS725。

经济价值： 造成木材腐朽，可药用。

层腹菌科（Hymenogastraceae）

盔孢伞属（*Galerina*）

纹缘盔孢伞

Galerina marginata (Batsch) Kühner, Encyclop. Mycol. 7: 225 (1935)

菌盖直径 1～3cm，初期半球形，后期平展。表面光滑，褐色至棕褐色，湿时边缘有水浸状条纹且略微外翻，不黏。菌肉薄，白色或污白色。菌褶宽 1～2mm，直生、不等长，黄褐色。菌柄长 2～4cm，直径 0.1～0.2cm，菌柄直，中空，有时上部颜色稍浅呈淡褐色，下部深褐色。担孢子（8.5～10）μm ×（4～5.5）μm，椭圆形至杏仁形。

研究标本： WYS606。
经济价值： 有毒。

裸伞属（*Gymnopilus*）

苦裸伞

Gymnopilus picreus (Pers.) P. Karst., Bidr. Känn. Finl. Nat. Folk 32: 400 (1879)

　　菌盖直径 2～3.5cm，初期半球形至近钟形，后期平展，表面湿润，光滑，棕褐色至褐色，盖缘有细条纹。菌肉薄，白色至淡黄色。菌褶黄锈色至肉桂色，较密，近直生，不等长。菌柄长 3～4cm，直径0.3～0.5cm，圆柱形，细长或向上渐细，稍弯曲，与菌盖同色，担孢子(6～8) μm ×（4.5～5）μm，近杏仁状或椭圆形，孢子浅锈色。

研究标本： WYS512。
经济价值： 食毒不明。

裸盖菇属（*Psilocybe*）

卡拉拉裸盖菇

Psilocybe keralensis K. A. Thomas, Manim. & Guzmán, in Thomas, Manimohan, Guzmán, Tapia & Ramírez-Guillén, Mycotaxon 83: 196 (2002)

　　菌盖直径 10～25mm，凸镜形至半球形，菌盖表面光滑，近边缘具细毛，灰褐色至暗褐色，菌肉薄，白色，无特殊气味和味道。菌褶直生，褐色至深褐色，稍稀，不等长，菌柄长 2～5cm，直径 1～3mm，圆柱形，近等粗，黄褐色至灰褐色，上中部略深，具有绒毛，中空。担孢子（8～10）μm ×（6～7）μm，光滑，暗褐色。

研究标本： WYS577。
经济价值： 有毒。

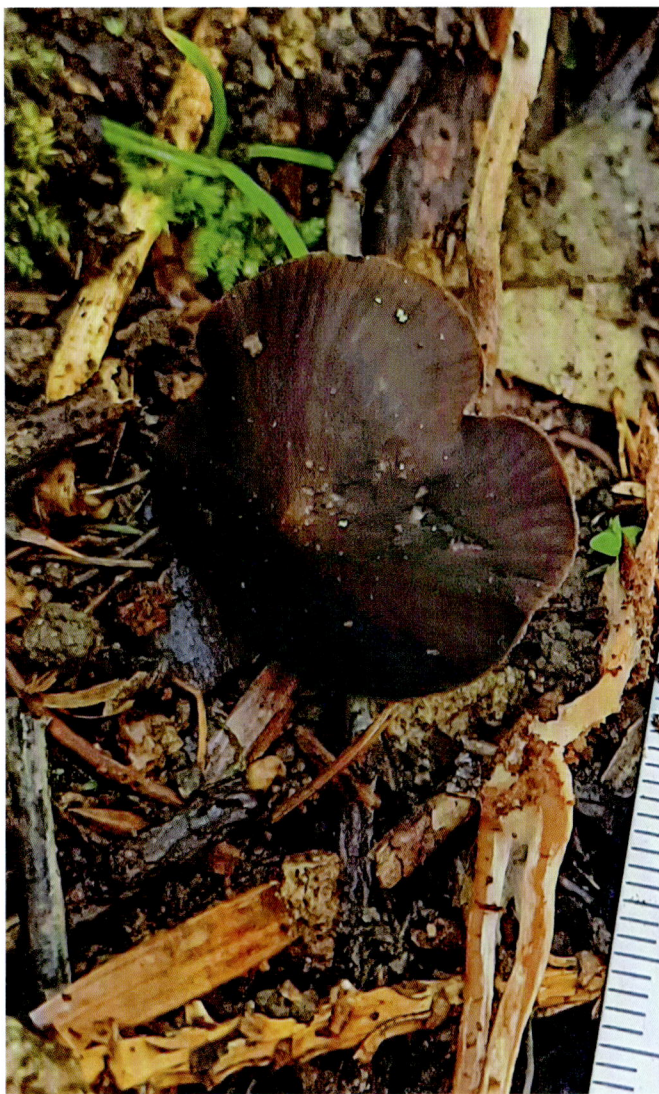

泥盖孔菌科（Incrustoporiaceae）

干酪菌属（*Tyromyces*）

薄皮干酪菌

Tyromyces chioneus (Fr.) P. Karst., Revue mycol., Toulouse 3(no. 9): 17 (1881)

　　子实体一年生，单生，肉质至革质。菌盖扇形，外伸可达 4～6cm，宽可达 6～7cm，基部厚可达 18～22mm；表面新鲜时淡灰褐色；边缘锐，白色。孔口表面奶油色至淡褐色；圆形，每毫米 4～5 个；边缘薄，全缘。不育边缘几乎无。菌肉新鲜时乳白色，厚可达 15mm。菌管乳黄色至淡黄褐色，长可达 2mm。担孢子（4～5）μm ×（1.5～2）μm，圆柱形至腊肠形，无色，薄壁，光滑，非淀粉质，不嗜蓝。

研究标本： WYS47，WYS462。
经济价值： 具有药用价值。

马勃科（Lycoperdaceae）

秃马勃属（*Calvatia*）

粟粒皮秃马勃

Calvatia boninensis S. Ito & S. Imai, Trans. Sapporo nat. Hist. Soc. 16: 9 (1939)

子实体直径 4～6cm，近球形或近陀螺形，不育基部通常宽而短，表皮细绒状，龟裂为栗色或棕褐色细小斑块或斑纹。包被褐色，成熟开裂时上部易消失，柄状基部不易消失。内部产孢组织幼时白色至近白色，后变黄色，呈棉絮状。担孢子（4～5）μm ×（3.5～5）μm，宽椭圆形至近球形。

研究标本： WSY435。
经济价值： 食毒不明。

小秃马勃属（*Lycoperdon*）

梨形马勃

Lycoperdon pyriforme Schaeff., Fung. bavar. palat. nasc. (Ratisbonae) 4: 128 (1774)

　　子实体梨形、近球形或短棒状，具短柄，不育基部发达，由白色根状菌索固定于基物上，新鲜时奶油色至淡褐黄色，老后栗褐色，分为头部和柄部。头部表面具疣状颗粒或细刺，或具网纹。老后产孢组织变为橄榄色，呈棉絮状并混杂褐色担孢子粉。担孢子直径 3.5～5 μm，球形，褐色或橄榄色，平滑，薄壁。

研究标本： WYS15。
经济价值： 食毒不明。

小皮伞科（Marasmiaceae）

小皮伞属（*Marasmius*）

美丽小皮伞

Marasmius bellus Berk., Hooker's J. Bot. Kew Gard. Misc. 8: 139 (1856)

　　菌盖直径 1.5～2cm，半球形至钟形，后平展具脐凹，膜质，浅黄色至黄白色，有绒毛或光滑，边缘整齐，有条纹。菌肉薄，白色。菌褶直生，稀疏，窄，淡黄色。菌柄长 4～5cm，直径 0.1cm，上部白色，下部橙色至褐色，被不明显绒毛或光滑，纤维质，空心，基部菌丝体白色，粗。担孢子（7.5～10）μm ×（3～3.5）μm，椭圆形，光滑，无色。

研究标本： WSY153。
经济价值： 食毒不明。

巧克力小皮伞

Marasmius coklatus Desjardin, Retn. & E. Horak, Sydowia 52(1): 146 (2000)

菌盖直径 2～3cm，凸镜脐凸形至平展脐凸形，有淡条纹，中央黑褐色或暗棕褐色，边缘棕褐色至淡褐色。菌肉薄，白色至带菌盖颜色。菌褶直生，较稀，不等长，有横脉。菌柄长 4～6cm，直径 0.3～0.5cm，顶端褐色，基部暗褐色。基部菌丝体白色，绒毛状。担孢子（8～11）μm ×（4.5～6）μm，椭圆形，光滑，透明。

研究标本： WYS24，WYS63。

经济价值： 食毒不明。

淡赭色小皮伞

Marasmius ochroleucus Desjardin & E. Horak, Biblthca Mycol. 168: 35 (1997)

菌盖直径1～1.3cm，凸镜形至平展凸镜形，黄色至奶油色，边缘颜色较浅，中央有尖突，有条纹，水渍状。菌肉薄。菌褶直生，白色，较窄。菌柄长2.5～4cm，直径12～20mm，顶端白色，透明，逐渐变为黄褐色，基部菌丝体白色至黄白色。担孢子（8～12）μm×（4～4.5）μm，长椭圆形，弯曲，光滑。

研究标本： WYS94。
经济价值： 食毒不明。

干小皮伞

Marasmius siccus (Schwein.) Fr., Epicr. syst. mycol. (Upsaliae): 382 (1838) [1836-1838]

菌盖直径1.5～2cm，半球形、凸镜形至平展，褐色至深褐色，有脐凸，有条纹。菌肉薄，白色。菌褶宽0.8～1.2mm，弯生至近离生，白色，较稀，有或无小菌褶。菌柄长2～4cm，直径0.5～1mm，圆柱形，上部奶油白色，向下逐渐变为深褐色至黑色，光滑，有漆状光泽，基部有白色至黄白色的菌丝体。担孢子（14.5～17）μm×（2.5～4）μm，倒披针形，表面光滑，白色。

研究标本： WYS371。
经济价值： 食毒不明。

小菇科（Mycenaceae）

小菇属（*Mycena*）

盔盖小菇

Mycena galericulata (Scop.) Gray, Nat. Arr. Brit. Pl. (London) 1: 619 (1821)

　　菌盖直径 2～4cm，幼时钟形，成熟后逐渐平展，半透明状，表面具沟纹或明显的褶皱，幼时颜色较深，后呈铅灰色，中部色深，边缘近白色，偶尔稍开裂。菌肉半透明，薄，无明显气味。菌褶稍密，白色，不等长，直生至弯生，幼时稍延生，有时分叉或在菌褶之间形成横脉。菌柄长 3.5～6cm，直径 0.3～0.5cm，圆柱形或扁平，幼时深灰色，成熟后呈灰色至灰白色，平滑，中空，软骨质，基部被白色毛状菌丝体。担孢子（10～11）μm×（6.5～8）μm，宽椭圆形，光滑，无色，淀粉质。

研究标本： WSY115。
经济价值： 食毒不明。

类脐菇科（Omphalotaceae）

裸柄伞属（*Gymnopus*）

梅内胡裸脚伞

Gymnopus menehune Desjardin, Halling & Hemmes, Mycologia 91(1): 173 (1999)

菌盖直径 1～3cm，初期扁凸镜形，中部轻微下凹，干燥，光滑无毛，中部颜色较深，呈淡粉褐色至浅褐色，颜色向边缘渐淡；边缘幼时稍内卷，后伸展，稍有条纹或皱纹。菌肉薄，与菌盖同色至近白色。菌褶直生至近延生，较密。菌柄长 2.5～3.5cm，直径 1.5～2mm，圆柱状，菌柄中空，顶部与菌盖颜色接近，往下颜色渐深，呈暗褐色。担孢子（5～8.5）μm ×（4～5）μm，椭圆形至香梨形，光滑，无色。

研究标本： WYS287。
经济价值： 食毒未明。

微皮伞属（*Marasmiellus*）

纯白微皮伞

Marasmiellus candidus (Fr.) Singer, Pap. Mich. Acad. Sci. 32: 129 (1948) [1946]

　　菌盖直径 1～2cm，钟形、凸镜形至平展形，中央微凹，膜质，白色至灰白色，有绒毛，边缘有条纹或沟条纹。菌肉白色，极薄，无味道。菌褶直生至短延生，稀，白色，不等长，稍有分枝和横脉。菌柄长 0.5～2cm，直径 1.5～2mm，圆柱形，白色，下部色暗，后变暗灰褐色。担孢子（8.5～14）μm ×（3～4）μm，长椭圆形，表面光滑，无色。

研究标本： WYS112。

经济价值： 食毒不明。

桩菇科（Paxillaceae）

圆牛肝菌属（*Gyrodon*）

铅色圆孢牛肝菌

Gyrodon lividus (Bull.) Sacc., Syll. fung. (Abellini) 6: 52 (1888)

菌盖直径 8～15cm，初期半球形，后期扁半球形，呈黄褐色至暗褐红色，密被粗糙的绒毛，边缘内卷，湿时稍黏。菌肉黄白色，伤后变蓝色，中部厚，边缘薄。菌柄长 3.5～6cm，直径 0.5～2cm，圆柱形，较菌盖色浅，实心，近光滑，偏生。菌管延生，黄绿褐色至青褐色，辐射状排列，管口大小不等，伤后变蓝色，后变铅黑色。

研究标本： WYS230，WYS233，WYS239，WYS722。
经济价值： 可食用。

鬼笔科（Phallaceae）

鬼笔属（*Phallus*）

纯黄竹荪

Phallus luteus (Liou & L. Hwang) T. Kasuya, Mycotaxon 106: 8 (2009) [2008]

菌蕾幼时卵形，成熟时外包被开裂，形成菌盖、菌柄与菌托。菌盖钟状至近锥形，高 3～5cm，直径 1～3cm，棕褐色，顶端近平截，表面有网格；孢体橄榄褐色。菌盖下有一层菌裙结构，为橘黄色网格状，长 5.5～7cm，菌柄长 8～10cm，直径 1～2cm，圆柱形，白色至灰色。菌托直径 1.5～2.5cm，近球形，外表污白色至淡褐色。担孢子（3～3.5）μm ×（1～2）μm，长椭圆形至杆状，光滑，近无色。

研究标本： WYS01。
经济价值： 可食用。

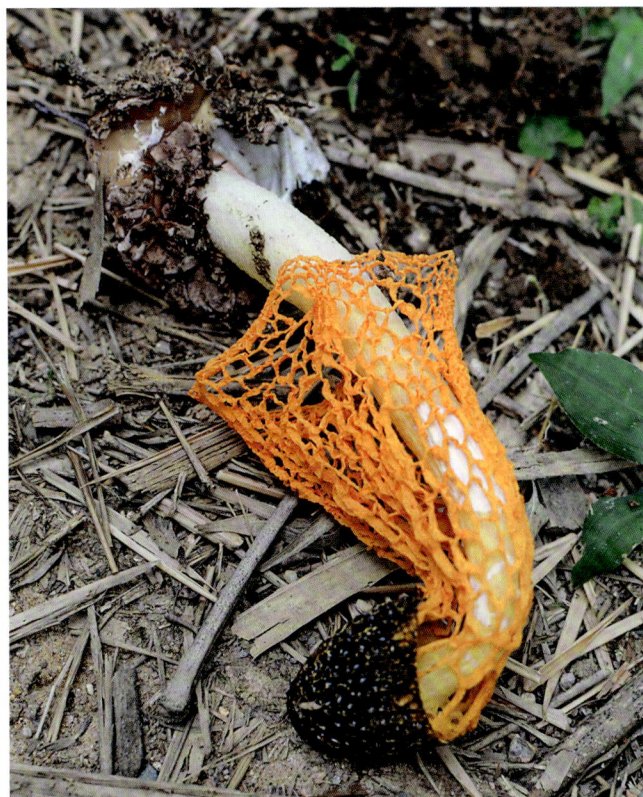

原毛平革菌科（Phanerochaetaceae）

烟管菌属（*Bjerkandera*）

烟管菌

Bjerkandera adusta (Willd.) P. Karst., Meddn Soc. Fauna Flora fenn. 5: 38 (1879)

子实体一年生，无柄，覆瓦状叠生，新鲜时革质至软木栓质，干后木栓质。菌盖半圆形，外伸可达4cm，宽可达6cm，基部厚可达3mm；表面乳白色至黄褐色，无环带，有时具疣突，被细绒毛；边缘锐，乳白色，干后内卷。孔口表面新鲜时烟灰色，干后黑灰色；多角形，每毫米6～8个；边缘薄，全缘。不育边缘明显，乳白色，宽可达4mm。菌肉干后木栓质，无环区，厚可达2mm。菌管和孔口表面颜色相近，木栓质，长可达1mm。担孢子（4～5）μm×（2～3）μm，窄椭圆形，无色，薄壁，光滑，非淀粉质，不嗜蓝。

研究标本： WYS48，WYS572。
经济价值： 造成树木腐朽，药用。

原毛平革菌属（*Phanerochaete*）

厚粉红原毛平革菌

Phanerochaete velutina (DC.) P. Karst., Kritisk Öfversigt af Finlands Basidsvampar, (Basisiomycetes; Gastero- & Hymenomycetes) (Helsingfors) 3: 33 (1898)

　　子实体一年生，平伏，不易与基物剥离，新鲜时无特殊气味，软，长可达 5cm，宽可达 3cm，厚可达 2mm。孔口表面新鲜时白色至奶油色，触摸后变为黑色，干后变为墨黑色；圆形至多角形，每毫米 3～4 个；边缘薄，撕裂状。不育边缘几乎无。菌肉层乳黄色，厚可达 0.6mm。菌管与孔口表面同色，长可达 1.5mm。

研究标本： WYS607。
经济价值： 未知。

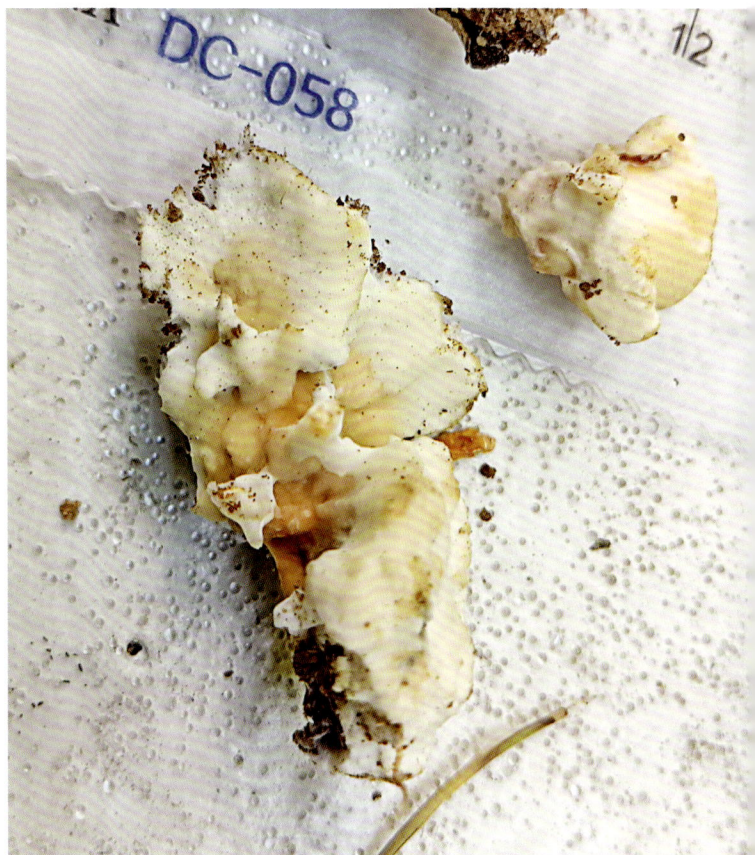

膨瑚菌科（Physalacriaceae）

长根菇属（*Hymenopellis*）

长根小奥德蘑

Hymenopellis radicata (Relhan) R. H. Petersen, in Petersen & Hughes, Nova Hedwigia, Beih. 137: 202 (2010)

　　菌盖直径 3～5cm，浅褐色至深褐色，光滑，湿时黏，幼时半球形，成熟后逐渐平展，中央有较宽阔的微凸起或呈脐状，具辐射状条纹。菌肉较薄，肉质，白色。菌褶弯生，较宽，稍密，不等长，白色。菌柄长 4～6cm，直径 0.5～0.8cm，圆柱形，顶部白色，其余部分浅褐色，近光滑，有纵条纹，往往呈螺旋状，表皮脆质，内部菌肉纤维质，较松软，基部稍膨大且向下延伸形成很长的假根。担孢子（11～14）μm×（10.5～12）μm，近球形至球形，光滑，无色。

研究标本： WYS65。

经济价值： 可食用。

卵孢小奥德蘑

Hymenopellis raphanipes (Berk.) R. H. Petersen, in Petersen & Hughes, Nova Hedwigia, Beih. 137: 213 (2010)

  菌盖直径 1.5～3cm，菌盖初期扁半球形，后期平展形，棕褐色至污褐色，菌盖中央具有一较为明显的突起，菌盖中心周围有放射状条纹。菌肉白色，较脆。菌褶直生，白色。菌柄长 5～8cm，直径 0.2～0.3cm，白色至棕灰色。

研究标本：WYS156。
经济价值：可食用。

光柄菇科（Pluteaceae）

光柄菇属（*Pluteus*）

柳生光柄菇

Pluteus salicinus (Pers.) P. Kumm., Führ. Pilzk. (Zerbst): 99 (1871)

子实体小型至中型。菌盖直径 3～4cm，扁半球形至平展形，中部有小凸起，菌盖表面较粗糙，褐色至暗褐色，边缘具棱纹。菌肉白色，较薄。菌褶白色至淡红褐色，较密，离生，不等长。菌柄圆柱形，长 3～5cm，直径 0.2～0.6cm，白色至米白色，具纤毛状条纹。担孢子无色或稍带黄色，光滑，椭圆形至方椭圆形，（3.5～6）μm ×（3～4）μm。

研究标本： WYS701。
经济价值： 可食用。

多孔菌科（Polyporaceae）

隐孔菌属（*Cryptoporus*）

中华隐孔菌

Cryptoporus sinensis Sheng H. Wu & M. Zang, Mycotaxon 74(2): 416 (2000)

　　子实体一年生，具柄或近无柄，新鲜时无特殊气味，软木栓质，干后木栓质。菌盖近马蹄形或近扁球形，长 4.5～7cm，宽 3～3.5cm，基部厚可达 2.5cm；菌盖表面乳白色至深蛋壳色，光滑，有的区域呈褐色；边缘钝，颜色比菌盖表面深，延生至孔口表面形成覆盖整个子实层的菌幕，仅在基部具一小孔。孔口表面栗褐色，无折光反应；圆形或近圆形，每毫米 3～5 个；边缘厚，全缘。菌肉奶油色至淡黄色，软革质或软木栓质，厚可达 2cm。菌管浅黄褐色，硬木栓质，长可达5mm。担孢子（9～12）μm ×（4～5.5）μm，圆柱形，无色，厚壁，光滑，非淀粉质，弱嗜蓝。

研究标本： WYS78。
经济价值： 药用。

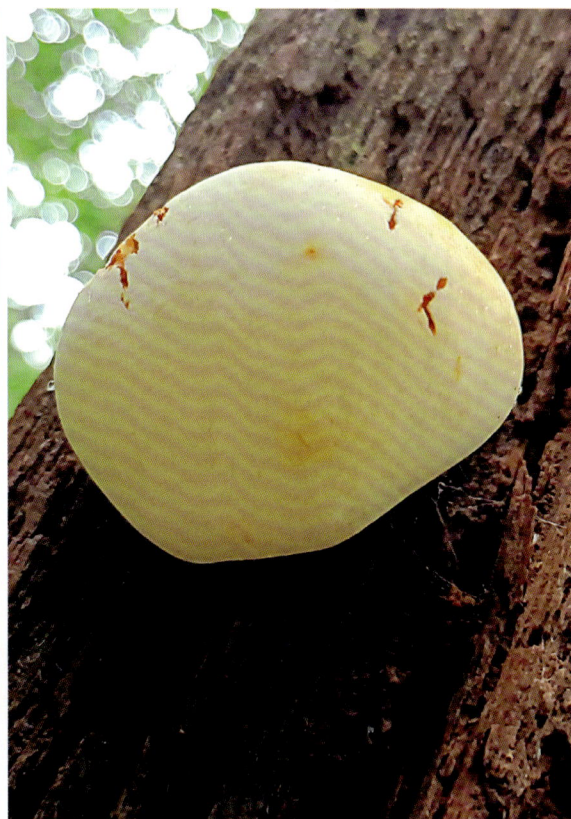

蓝孔菌属（*Cyanosporus*）

亚小孔灰蓝孔菌

Cyanosporus submicroporus B. K. Cui & Shun Liu, in Liu, Shen, Wang, Xu, Gates & Cui, Frontiers in Microbiology 12(no. 631166): 12 (2021)

　　子实体一年生，平伏，不易与基物剥离，新鲜时软革质，干后木栓质，长可达 5 ～ 7cm，宽可达 4 ～ 6cm，厚可达 5 ～ 8mm。孔口表面新鲜时橘黄色，干后黄褐色或稻草色，具折光反应；圆形或近圆形至多角形，每毫米 2 ～ 3 个；边缘薄锐，全缘。不育边缘柔毛状，宽可达 1mm。菌肉淡黄色，木栓质，厚可达 3mm。菌管与孔口表面同色或略浅，木栓质，长可达 5mm。担孢子（5 ～ 7）μm ×（2.5 ～ 3）μm，腊肠形，无色，薄壁，光滑，非淀粉质，不嗜蓝。

研究标本： WYS262。
经济价值： 造成木材腐朽。

拟迷孔菌属（*Daedaleopsis*）

三色拟迷孔菌

Daedaleopsis tricolor (Bull.) Bondartsev & Singer, Annls mycol. 39(1): 64 (1941)

　　子实体一年生，盖形，无柄，木栓质。菌盖半圆形，外伸可达 5cm，宽可达 10cm，基部厚可达 1cm；表面灰褐色至红褐色，光滑，具同心环带；边缘锐，与菌盖表面同色。子实层体灰褐色至栗褐色；初期呈不规则孔状，每毫米 1～2 个，成熟后呈褶状，有时二叉分枝，每毫米 1～2 个。菌肉浅褐色，木栓质，厚可达 1mm。菌褶颜色比子实层体稍浅，木栓质，厚可达 9mm。担孢子（7～9）μm×（2～2.5）μm，圆柱形，无色，薄壁，光滑，非淀粉质，不嗜蓝。

研究标本： WYS421。
经济价值： 造成木材腐朽，药用。

层孔菌属（*Fomes*）

木蹄层孔菌

Fomes fomentarius (L.) Fr., Summa veg. Scand., Sectio Post. (Stockholm): 321 (1849)

　　子实体多年生，蹄形，木质。菌盖圆形，外伸达 20cm，宽可达 30cm，中部厚可达 12cm；表面灰色至灰黑色，具同心环带和浅的环沟；边缘钝，浅褐色。孔口表面褐色；圆形，每毫米 3～4 个；边缘厚，全缘。不育边缘明显，宽可达 5mm。菌肉浅黄褐色或锈褐色，厚可达 5cm，上表面具一明显且厚的皮壳，中部与基物着生处具一明显的菌核。菌管浅褐色，长可达 7cm，分层明显，层间有时具白色的菌丝束填充。担孢子（19～21）μm ×（5～6）μm，圆柱形，无色，薄壁，光滑，非淀粉质，不嗜蓝。

研究标本：WYS107，WYS108。
经济价值：造成木材腐朽，药用。

灵芝属（*Ganoderma*）

南方灵芝

Ganoderma australe (Fr.) Pat., Bull. Soc. mycol. Fr. 5(2,3): 65 (1889)

子实体多年生，无柄，木栓质。菌盖半圆形，外伸可达 35cm，宽可达 55cm，基部厚可达 7cm；表面锈褐色至黑褐色，具明显的环沟和环带；边缘圆，钝，奶油色至浅灰褐色。孔口表面灰白色至淡褐色；圆形，每毫米 4～5 个；边缘较厚，全缘。菌肉新鲜时浅褐色，干后棕褐色，厚可达 3cm。菌管暗褐色，长可达 4cm。担孢子（7～9）μm ×（4～5.5）μm，广卵圆形，顶端平截，淡褐色至褐色，双层壁，外壁无色，光滑，内壁具小刺，非淀粉质，嗜蓝。

研究标本： WYS138。
经济价值： 造成木材腐朽，药用。

微孔菌属（*Microporellus*）

卵形微孔菌

Microporellus obovatus (Jungh.) Ryvarden, Norw. Jl Bot. 19: 232 (1972)

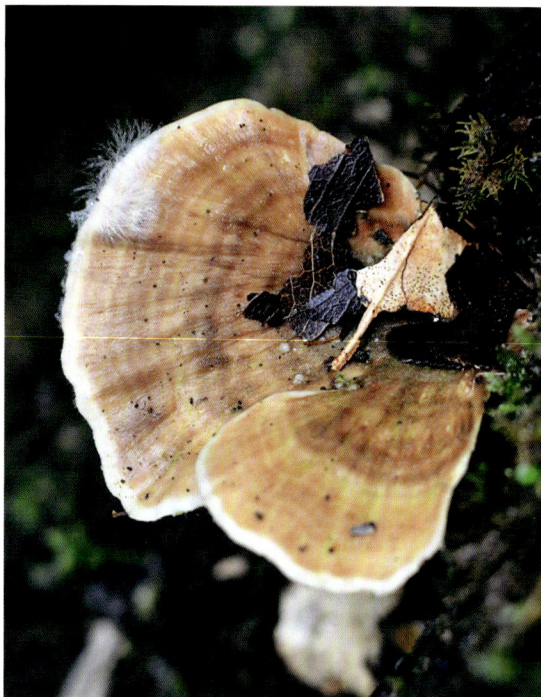

　　有柄，肉革质。菌盖扇形或半圆形，直径3～6cm，表面有纵条纹和不明显的同心环带，微具绒毛，渐变光滑，黄白色、褐色至黄褐色，干后硬并强烈皱缩；边缘薄而锐，完整或瓣裂，有时波浪状，多内卷。菌肉白色。菌管淡黄白色或浅褐色，长约1mm；管口略圆形，每毫米7～9个。菌柄侧生，与菌盖同色，长1～4cm，基部稍膨大。担孢子宽椭圆形至近球形，透明，薄壁，平滑，（4.5～5）μm×（3.5～4.5）μm。

研究标本： WYS32，WYS326。

经济价值： 不明。

小孔菌属（*Microporus*）

褐小孔菌

Microporus affinis (Blume & T. Nees) Kuntze, Revis. gen. pl. (Leipzig) 3(3): 494 (1898)

子实体一年生，具侧生柄，单生或群生，新鲜时韧革质，干后硬革质至木栓质；菌盖较扁，扇形至半圆形，宽 4～6cm，外伸 4～5cm，基部厚 0.4～0.6cm，从基部向边缘渐变薄，菌盖表面黑褐色至黑色，表面具短绒毛或光滑，具明显环纹和环沟，干后菌盖表面颜色变化不大；菌盖边缘锐，完整或呈波浪状，干后常内卷；孔口表面新鲜时白色至奶油色，干后淡黄色至赭石色；孔口圆形；菌肉新鲜时白色至奶油色，干后淡黄色；菌管与孔口表面同色，新鲜时革质；菌柄侧生，暗褐色至褐色，光滑，长 0.5cm，直径 0.6cm。孢子短圆柱形至腊肠形，无色，薄壁，光滑，（3～5）μm × 2 μm。

研究标本： WYS273。
经济价值： 药用。

多孔菌属（*Polyporus*）

小多孔菌

Polyporus minor Z. S. Bi & G. Y. Zheng, in Bi, Zheng & Lu, Acta Mycol. Sin. 1(2): 72 (1982)

　　子实体一年生，具侧生短柄。菌盖扇形，外伸可达 2cm，宽可达 2cm，基部厚可达 0.3cm；表面新鲜时白色至浅黄色，干后橘黄色，光滑；边缘钝稍内卷，波状。孔口表面奶油色；孔口圆形，每毫米 3～4 个；菌肉干后浅黄色。担孢子（7～9）μm ×（3～4）μm，圆柱形，无色，光滑，薄壁，非淀粉质，不嗜蓝。

研究标本： WYS41。
经济价值： 不明。

菌核多孔菌

Polyporus tuberaster (Jacq. ex Pers.) Fr., Syst. mycol. (Lundae) 1: 347 (1821)

　　子实体一年生，具侧生柄，肉质至革质。菌盖半圆形或扇形，靠近柄处下凹，直径可达 15cm，从基部向边缘渐薄；表面黄褐色，被深褐色斑块；边缘内卷。孔口表面淡黄褐色；多角形。菌肉白色至奶油色，厚可达 1.2cm。孔口奶白色，近圆形。菌柄，长可达 6cm，直径可达 1cm。担孢子（12～14）μm ×（5～6）μm，圆柱形，无色，薄壁，光滑，非淀粉质，不嗜蓝。

研究标本： WYS113。

经济价值： 可食用。

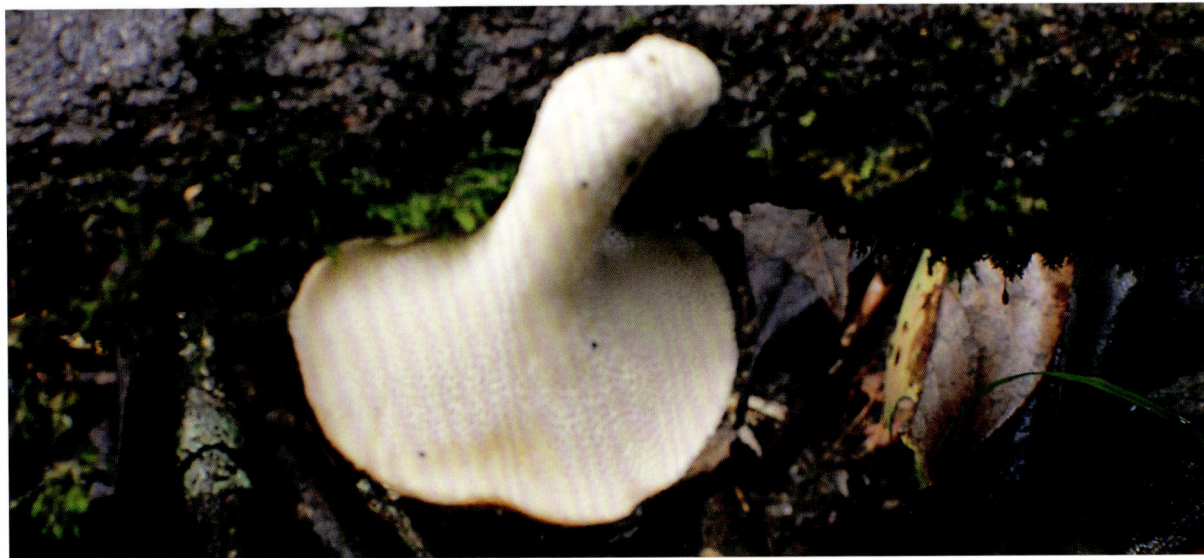

乌芝属（*Sanguinoderma*）

环皱乌芝

Sanguinoderma rugosum (Blume & T. Nees) Y. F. Sun, D. H. Costa & B. K. Cui, in Sun, Costa-Rezende, Xing, Zhou, Zhang, Gibertoni, Gates, Glen, Dai & Cui, Persoonia 44: 235 (2020)

　　子实体一年生，具中生柄，干后木栓质。菌盖近圆形，外伸可达 7.5cm，宽可达 8.5cm，厚可达 1cm；表面灰褐色至褐色，具明显的纵皱和同心环纹，中心部分凹陷，无光泽；边缘深褐色，波浪状，内卷。孔口表面新鲜时灰白色，触摸后变为血红色，干后变为黑色；近圆形至多角形，每毫米 6～7 个；边缘厚，全缘。菌肉褐色至深褐色，厚可达 4mm。菌管褐色至深褐色，长可达 6mm。菌柄与菌盖同色，外被一层皮壳，圆柱形，光滑，中空，长可达 7.5cm，直径可达 1cm。担孢子（9.5～11.5）μm ×（8～9.5）μm，宽椭圆形至近球形，双层壁，外壁无色，光滑，内壁深褐色，具小刺，非淀粉质，嗜蓝。

研究标本： WYS07，WYS533。
经济价值： 药用。

栓菌属（*Trametes*）

毛栓孔菌

Trametes hirsuta (Wulfen) Lloyd, Mycol. Writ. (Cincinnati) 7(Letter 73): 1319 (1924)

　　子实体一年生，覆瓦状叠生，革质。菌盖半圆形或扇形，外伸可达 3～7cm，宽可达 10cm，中部厚可达 13～16mm；表面乳黄色至浅棕黄色，被硬毛和细微绒毛，具明显的同心环纹和环沟；边缘锐，黄褐色。孔口表面乳白色至灰褐色；多角形，每毫米 3～4 个；边缘薄，全缘。不育边缘不明显，宽可达 1mm。菌肉乳白色，厚可达 5～6mm。菌管奶油色或浅乳黄色，长可达 8mm。担孢子（4～5.5）μm ×（1.6～2.5）μm，圆柱形，无色，薄壁，光滑，非淀粉质，不嗜蓝。

研究标本： WYS464, WYS465, WYS550。

经济价值： 具有药用价值。

云芝栓孔菌

Trametes versicolor (L.) Lloyd, Mycol. Writ. (Cincinnati) 6 (note 65): 1045 (1921) [1920]

子实体一年生，覆瓦状叠生，革质。菌盖半圆形，外伸可达 6～8cm，宽可达 4～10cm，中部厚可达 0.5cm；表面颜色变化多样，淡黄色至蓝灰色，被细密绒毛，具同心环带；边缘锐。孔口表面奶油色至烟灰色，多角形至近圆形，每毫米 4～5 个，边缘薄，呈撕裂状。不育边缘明显，宽可达 2mm。菌肉乳白色，厚可达 2mm。菌管烟灰色至灰褐色，长可达 3mm。担孢子（4～5.5）μm ×（2～2.5）μm，圆柱形，无色，薄壁，光滑，非淀粉质，不嗜蓝。

研究标本： WYS395。

经济价值： 造成树木腐朽，具有药用价值。

拜尔孔菌属（ *Vanderbylia* ）

槐生拜尔孔菌

Vanderbylia robiniophila (Murrill) B. K. Cui & Y. C. Dai, in Cui, Li, Ji, Zhou, Song, Si, Yang & Dai, Fungal Diversity 97: 380 (2019)

　　子实体一年生，无柄或具侧生短柄，干后木栓质。菌盖半圆形，外伸可达 13～15cm，宽 15～17cm，基部厚可达 2.5cm；菌盖黄褐色至紫褐色，被一厚皮壳，具漆样光泽；边缘薄，钝，颜色变浅。孔口表面污白色至灰褐色，无折光反应；近圆形，每毫米 3～4 个；边缘厚，全缘。不育边缘明显，奶油色，宽可达 4mm。菌肉黄褐色，厚可达 1cm。菌管浅褐色，多层，分层不明显，长可达 15mm。菌柄与菌盖同色，圆柱形，长可达 3cm，直径可达 15mm。担孢子（9～10.5）μm×（6～8）μm，椭圆形，顶端稍平截，褐色，双层壁，外壁光滑，无色，内壁具小刺，非淀粉质，嗜蓝。

研究标本： WYS433。
经济价值： 具有药用价值。

小脆柄菇科（Psathyrellaceae）

小鬼伞属（*Coprinellus*）

白假鬼伞

Coprinellus disseminatus (Pers.) J. E. Lange [as 'disseminata'], Dansk bot. Ark. 9(no. 6): 93 (1938)

　　菌盖直径 0.5～1.2cm，初期钟形，后期平展，盖表淡褐色至黄褐色，具微小白色鳞片，边缘具长条纹。菌肉近白色，较薄。菌褶初期白色，后转为褐色至近黑色，成熟后缓慢自溶。菌柄长 1.5～2.5cm，直径 1～2mm，白色至灰白色。菌环无。担孢子（7.5～8）$\mu m \times 6\mu m$，椭圆形至卵形，光滑，淡灰褐色，顶端具芽孔。

研究标本： WYS325。
经济价值： 食毒不明。

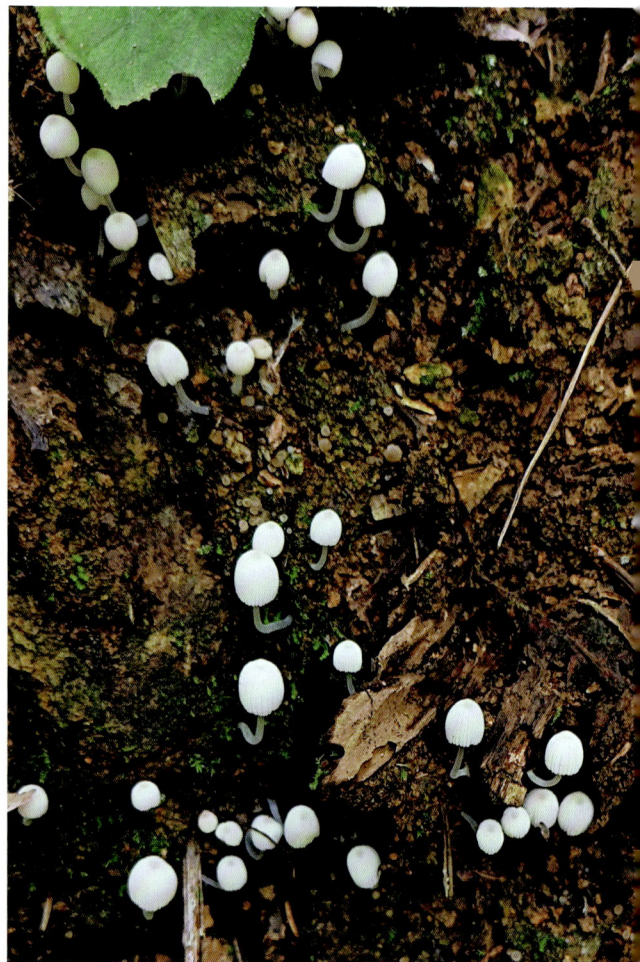

小脆柄菇属（*Psathyrella*）

白黄小脆柄菇

Psathyrella candolleana (Fr.) Maire, Bull. Soc. mycol. Fr. 29: [185] (1913)

　　菌盖直径 2～5cm，初期圆锥形至钟形，后期平展形，边缘有菌幕残片，黄白色、淡黄色至浅褐色，边缘具透明状条纹，成熟后边缘开裂，水浸状。菌肉薄，污白色至灰棕色。菌褶密，直生，淡褐色至深紫褐色，边缘齿状。菌柄长 2～5cm，直径 0.2～0.3cm，圆柱形，幼时实心，后空心，丝光质，表面具白色纤毛。担孢子（5.5～8）μm ×（3～4.5）μm，椭圆形至长椭圆形，光滑，淡棕褐色。

研究标本： WYS303，WYS309。
经济价值： 食毒不明。

红菇科（Russulaceae）

乳菇属（*Lactarius*）

红汁乳菇

Lactarius hatsudake Nobuj. Tanaka, Bot. Mag., Tokyo 4: 393 (1890)

　　菌盖直径4～7cm，平展至盘状，中部下凹，青绿色至淡红色，有不清晰的环纹或无环纹，边缘内卷。菌肉淡红色，菌褶酒红色，伤后或老后缓慢变蓝绿色。乳汁少，酒红色，不变色。菌柄长1.5～5cm，直径0.5～1cm，伤后缓慢变蓝绿色。担孢子（8～10）μm×（7～9）μm，宽椭圆形，近无色，有完整至不完整的网纹，淀粉质。

研究标本： WYS408。
经济价值： 可食用、药用。

茶绿乳菇

Lactarius necator (Bull.) Pers., Observ. mycol. (Lipsiae) 2: 42 (1800) [1799]

菌盖直径 5.5～11cm，初期边缘内卷，后期渐平展，中部下陷，呈黑褐色或暗褐色，后期颜色变暗至近黑色，表面黏，具有绒状物。菌肉污白色，渐变褐色。菌褶直生或延生，生长密集，污白色或具橄榄褐色。乳汁白色。菌柄长 3.5～7.5cm，直径 0.5～2.5cm，颜色与菌盖相近。担孢子（7～8.4）μm ×（6～7）μm，近球形，表面具脊状物，无色，淀粉质。

研究标本： WYS75。
经济价值： 有毒。

龟裂乳菇

Lactarius rimosellus Peck, Bull. N. Y. St. Mus. 105: 37 (1906)

　　菌盖直径 2～3cm，棕红色至棕褐色，近平展，中部稍凹陷呈漏斗状，边缘稍内卷。菌褶灰白色，直生。菌柄与菌盖同色，长 2～3cm，近圆柱形，基部逐渐变细，成熟后菌柄中空，菌肉薄，呈灰白色。

研究标本： WYS92。
经济价值： 可食用。

乳菇属一种

Lactarius sp.

　　菌盖直径3～7cm，平展，中部微下凹，黄褐色至土黄色，表面有纤维状鳞片，淡黄褐色，干燥，边缘稍内卷；菌肉白色，伤后不变色；菌褶直生，生长较密集，菌柄长3～7cm，直径0.5～1cm，菌柄中空，与菌盖同色，圆柱形，表面光滑。

研究标本： WYS598。
经济价值： 可食用。

乌梅伦斯乳菇

Lactarius umerensis McNabb, N. Z. Jl Bot. 9(1): 55 (1971)

菌盖直径 2～3cm，扁凸镜形，边缘稍内卷，棕褐色至黄褐色，边缘发白；菌褶直生，生长密集，乳白色至白色，老后变为褐色，菌柄棕褐色，弯曲生长，长 1.8～2.8cm，直径约 0.4cm。

研究标本： WYS132。
经济价值： 不明。

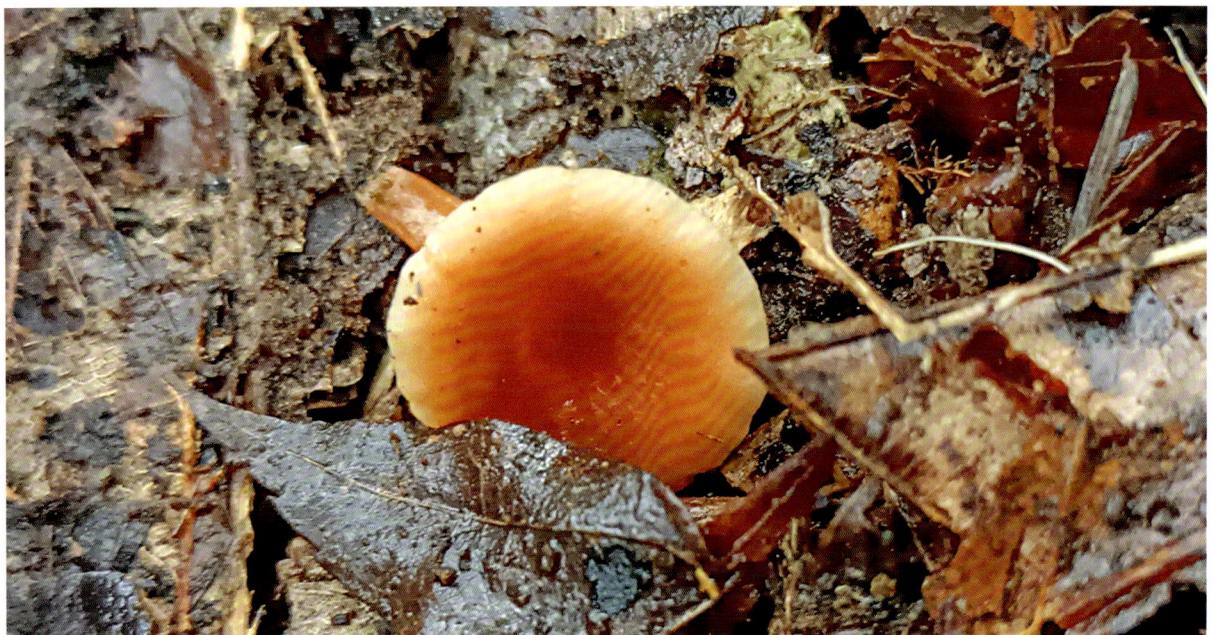

多汁乳菇属（*Lactifluus*）

粗柄多汁乳菇

Lactifluus robustus Yu Song, J. B. Zhang & L. H. Qiu, in Song, Zhang, Li, Xia & Qiu, Nova Hedwigia 105(3-4): 521 (2017)

　　菌盖直径 1～2cm，平展，有时中部凹陷呈浅漏斗状；表面土黄色至褐色；菌肉厚 3～5mm，近奶油色或淡黄色。菌褶宽 3～5mm，生长稀疏，奶油白色。菌柄长 3～4.5cm，直径 0.5～1cm，圆柱形或向上渐细，与菌盖同色。

研究标本： WYS424。
经济价值： 不明。

红菇属（*Russula*）

黄白红菇

Russula albolutea B. Chen & J.F. Liang, in Chen, Song, Liang & Li, Mycol. Progr. 20(8): 995 (2021)

　　菌盖小或中等，直径 56～73mm，幼时半球形，成熟时凸起，中心凹陷；边缘弯曲，无裂纹，条纹可达半径的 1/3；表面光滑，无毛，湿润时稍黏稠，脱皮至半径的 1/3；中心黄白色，边缘白色。菌褶具齿状结构，宽约 4mm，中等密度，白色。菌柄（32～41）mm ×（9～13）mm，圆柱形或棒状，弯曲，基部稍凹陷，具纵向皱纹，白色带淡黄色，髓质中空。菌肉白色，伤后不变色。

研究标本： WYS397。
经济价值： 食用。

金色红菇

Russula aureoviridis Jing W. Li & L. H. Qiu, in Das, Ghosh, Chakraborty, Li, Qiu, Baghela, Halama, Hembrom, Mehmood, Parihar, Pencakowski, Bielecka, Reczyńska, Sasiela, Singh, Song, Świerkosz, Szczęśniak, Uniyal, Zhang & Buyck, Cryptog. Mycol. 38(3): 386 (2017)

　　子实体中等大小。直径4～7cm，菌盖的形状介于半球形和近似圆形之间，中间部分呈下凹状，颜色包括乳黄色、淡黄色、黄色和黄绿色，表面平滑，而中间部分的颜色相对较深，其边缘有条纹，颜色偏浅，略微开裂。菌肉白色至乳白色，相对较薄。菌褶直生，乳白色，肉粉色，长度不等，在边缘与靠近菌柄处可见分叉，伤后不变色，稀疏。菌柄中生，柱状，基部渐细，表面光滑，白色，（3～5）cm ×（0.5～1）cm，基部擦伤变浅褐色。

研究标本： WYS710。

经济价值： 不明。

肉桂红菇

Russula bubalina J. W. Li & L. H. Qiu, in Li, Zheng, Wang, Song & Qiu, Phytotaxa 392(4): 268 (2019)

　　子实体小型至中型。菌盖直径 3.5～5.4cm，幼时钟形，后期扁凸镜形至平展形，表面干燥，中心粉红色至肉桂黄色，边缘有条纹，菌盖上表皮不易剥落。菌肉厚 0.2～0.35cm，白色，味道温和，伤变黄色。菌褶直生，白色，等长，伤不变色，宽 0.25～0.35cm，密集，中间每 1cm 有 18～19 个小菌褶，干燥时奶油状。菌柄浅粉色，长 2.3～3cm，宽 0.9～1.1cm，圆柱状，光滑，实心。孢子印白色。

研究标本： WYS683。

经济价值： 未知。

蓝黄红菇

Russula cyanoxantha (Schaeff.) Fr., Monogr. Hymenomyc. Suec. (Upsaliae) 2(2): 194 (1863)

　　子实体中等至大型。菌盖宽 4～14cm，先半球形中央凸起，伸展后中部向下凹陷，边缘略微内卷，少有开裂，菌盖颜色变化较大，暗紫灰色、紫褐色或紫灰色，老后常呈现青褐色、灰红色、褪色至黄色，往往各色混杂，湿润时表面微黏，干燥后光滑，菌盖的中心部位覆有轻微的白霜，其表皮可以被剥离大约 1/3，菌盖的边缘平滑，并带有不太明显的条纹。菌肉质，白色，但在受伤之后会变成灰白色，质地略硬，口感温和，并且没有任何特殊的气味。孢子印白色。孢子（6～9.5）μm×（5～7.5）μm，多数近球形或宽椭球形。

研究标本： WYS716。
经济价值： 食用，药用。

密褶红菇

Russula densifolia Secr. ex Gillet, Hyménomycètes (Alençon): 231 (1876) [1878]

　　子实体中型，菌盖直径 3～6cm，初期边缘内卷，菌盖中部下凹，脐状，后伸展近漏斗状，光滑，污白色至暗褐色。菌肉较厚，白色。菌褶直生，不等长，窄，较密，近白色，伤后变红褐色，老后黑褐色。菌柄白色，伤后变红至黑褐色，实心，长 3～4.5cm，直径 1.5～2cm。

研究标本： WYS17。
经济价值： 食毒不明。

姜黄红菇

Russula flavida Frost ex Peck, Ann. Rep. N. Y. St. Mus. nat. Hist. 32: 32 (1880) [1879]

　　子实体小型至中型。菌盖直径 3～5cm，初期扁半球形，后期平展，表面呈鲜亮的金黄色或姜黄色，边缘无条纹或有条棱。菌肉白色。菌褶直生至近离生，污白色，等长，较密。菌柄一般呈粗圆柱状，基部细或变粗，长 2.5～4cm，直径 1～1.5cm，呈暗金黄色或深姜黄色，内部松软。孢子近球形，有刺棱及网纹，（7～9）μm ×（5～7）μm。

研究标本： WYS89。
经济价值： 食毒不明。

拟篦边红菇

Russula pectinatoides sensu NCL (1960), Rayner (1985); fide Checklist of Basidiomycota of Great Britain and Ireland (2005)

　　子实体中型至大型。菌盖直径 5～7cm，初期扁半球形，后期平展，中部下凹呈浅漏斗状，表面湿时黏，平滑无鳞片，浅褐黄色或污黄褐色，中央色深，边缘有明显的棱纹。菌肉白色，中部稍厚而靠边缘甚薄。菌褶白色，伤处久后变浅锈褐色，直生，较密，菌褶几乎等长。菌柄圆柱状，稍弯曲，白色或浅灰褐色，长 4～6cm，直径 0.5～1cm，表面较光滑，菌柄中空。孢子印污白色。孢子无色，近球形。

研究标本： WYS553。
经济价值： 可食用。

根皮红菇

Russula phloginea J. Song & J. F. Liang, in Song et al., Sydowia 71: 188 (2019)

　　子实体中等大小。菌盖直径 3～6cm，圆形，中心微下凹，边缘有明显条纹微下垂，洋红色、鲜红色，盖心颜色相对较深。菌褶白色，直生近延生，靠近菌柄的地方略有分叉，长度相等，稀疏，质地较脆易碎，伤后无颜色变化。菌柄中生，近柱状，呈白色，表面有竖条纹，基部略带浅红色，（5～7）cm ×（0.8～1.2）cm。菌肉雪白色，薄，口感未知。孢子印白色。

研究标本： WYS334。

经济价值： 未知。

点柄臭黄菇

Russula punctipes Singer, Annls mycol. 33(5/6): 312 (1935)

子实体中等至较大。菌盖直径4～11cm，呈半球状，但在展平后中部略凹陷，污黄色或黄褐色，菌盖边缘的表皮容易碎裂，上面有小疣形棱纹，湿润时表面会变得有黏性，表面粗糙，褐色至暗褐色。菌褶污白色，离生或者直生，不等长，边缘比较尖锐，存在分叉，并且有小菌褶。菌柄位于中心，呈圆柱状，（3.2～10.2）cm ×（0.6～2.5）cm，基部稍细，暗黄色，有褐色至黑褐色斑点，中空。菌肉白色，味道辛辣，老后气味恶臭。孢子印白色。孢子（7.6～9.5）μm ×（7.3～9.3）μm，球形、近球形至宽椭球形。

研究标本： WYS082，WYS503，WYS558，WYS698。
经济价值： 有毒，具有药用价值。

紫疣红菇

Russula purpureoverrucosa Fang Li, in Li & Deng, Mycol. Progr. 17(12): 1314 (2018)

　　子实体单生，中等大小。菌盖不规则圆形，成熟后期中部凹陷成杯状，直径 3～5cm，红色。菌肉白色。菌褶与菌肉同色，宽约 0.2cm，质地较脆易碎，直生不分叉。菌柄 2.5cm×1cm，表面光滑无竖向条纹，雪白色，不规则圆柱状，基部表面略带浅红色，微微弯曲渐细，实心，中生。孢子印白色。孢子（6～9）μm×（4～7）μm，宽椭球到椭球，偶有近球形至球形；担子（20～35）μm×（6～10）μm，棒状，4 孢子。

研究标本： WYS520，WYS680。
经济价值： 食毒不明。

菱红菇

Russula vesca Fr., Anteckn. Sver. Ätl. Svamp.: 51 (1836)

子实体中型至大型。菌盖直径 4～6cm，初期半球形，后期扁半球形，菌盖中部有下凹，菌盖褐色至浅褐色，边缘老时具短条纹，菌肉白色，趋于变污淡黄色，无明显气味。菌褶白色或稍带乳黄色，密，直生，几乎等长，褶缘常有锈褐色斑点。菌柄长 3～5cm，直径 1～1.5cm，圆柱形或基部略细，中实后松软，白色，基部常略带黄色或褐色。孢子印白色。孢子无色，近球形，有小疣，（5～8）μm ×（4～6）μm。

研究标本： WYS683。
经济价值： 可食用。

红菇属一种

Russula sp.

子实体较小至中等。菌盖直径 3.2～8.5cm，幼嫩时近球形至扁半球形、中央稍微突起，成熟后扁平，盖心向下凹，表面被霜粉，黄绿色、灰黄色、青绿色、黄绿色、部分紫红色，表面光滑，湿时稍黏，边缘平整，略有波纹状，有时开裂。菌肉白色至奶油色，伤后不变颜色，幼嫩时坚硬、老后变海绵状，无气味。菌褶离生，分布密集，长度相等，浅黄色，靠近菌柄处有分叉，褶间具横向脉络。菌柄（4.5～9.5）cm ×（1.1～3.2）cm，呈圆柱状，有时近顶部和近基部处略变细，粗壮而坚实，表面平整光滑，似有白霜，有不明显的纵向皱纹，污黄色、洋红色，伤后没有颜变化，空心。孢子印浅奶油色。

研究标本： WYS511, WYS279。
经济价值： 可食用。

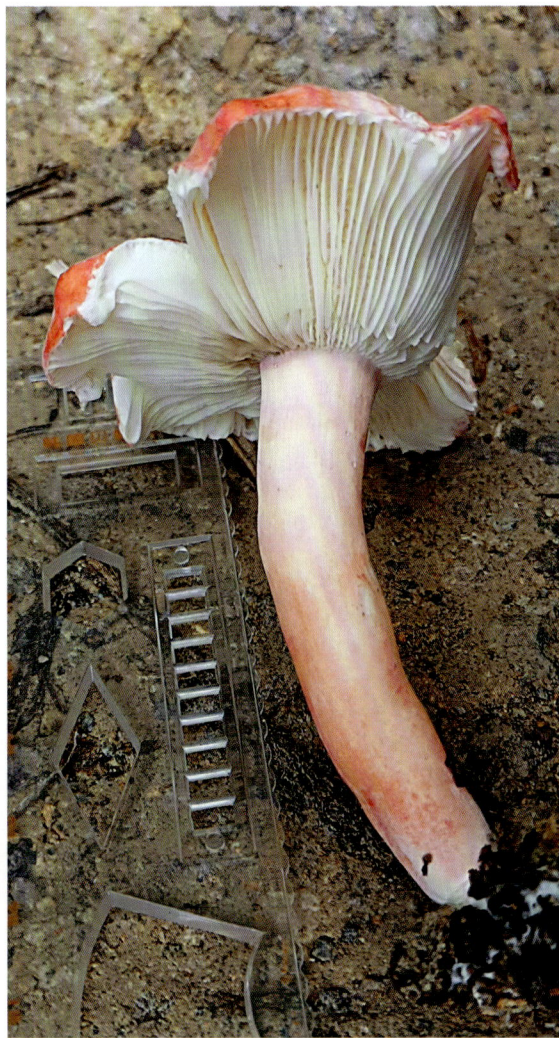

裂褶菌科（Schizophyllaceae）

裂褶菌属（*Schizophyllum*）

裂褶菌

Schizophyllum commune Fr. [as 'Schizophyllus communis'], Observ. mycol. (Havniae) 1: 103 (1815)

　　菌盖直径 0.5～3mm，扇形，灰白色至黄棕色，被绒毛或粗毛；边缘内卷，常呈瓣状，有条纹。菌肉厚 1～1.5mm，白色，韧，无味道。菌褶白色至棕黄色，不等长，褶缘中部纵裂成深沟纹。菌柄常阙如。担孢子（5～7）μm ×（2.5～4）μm，椭圆形或腊肠形，光滑，无色，非淀粉质。

研究标本： WSY30。
经济价值： 幼嫩时可药用、食用。

齿耳菌科（Steccherinaceae）

小薄孔菌属（*Antrodiella*）

柔韧小薄孔菌

Antrodiella duracina (Pat.) I. Lindblad & Ryvarden, Mycotaxon 71: 336 (1999)

子实体一年生，具侧生柄，新鲜时革质，老后木栓质。菌盖半圆形至扇形，宽可达 4cm，外伸可达 5cm；表面褐色、深褐色、污白色至黑褐色，具明显的同心环纹，光滑；边缘锐，污白色。孔口表面新鲜时奶油色，干后淡黄色；多角形，每毫米 7～8 个。菌肉奶油色。菌柄圆柱形，长可达 1cm，直径可达 0.3cm。担孢子（4～6）μm×（1.5～2）μm，圆柱形至腊肠形，无色，薄壁，光滑，非淀粉质，不嗜蓝。

研究标本： WYS73。
经济价值： 不明。

韧革菌科（Stereaceae）

韧革菌属（*Stereum*）

毛韧革菌

Stereum hirsutum (Willd.) Pers., Observ. mycol. (Lipsiae) 2: 90 (1800) [1799]

　　子实体一至二年生，平伏至具明显菌盖，覆瓦状叠生，韧革质。菌盖圆形至贝壳状，外伸可达 3cm，宽可达 10cm，基部厚可达 2mm；表面浅黄色至锈黄色，具同心环纹，被灰白色至深灰色硬毛或粗绒毛；边缘锐，波状，干后内卷。子实层体奶油色至棕色，光滑或具瘤状突起。菌肉奶油色，厚可达 1mm。绒毛层与菌肉层之间具一深褐色环带。担孢子（6.5～9）μm×（2.5～4）μm，圆柱形至腊肠形，无色，薄壁，光滑，淀粉质，不嗜蓝。

研究标本： WYS214。
经济价值： 造成木材腐朽，药用。

绒毛韧革菌

Stereum subtomentosum Pouzar, Česká Mykol. 18(3): 147 (1964)

　　子实体一年生，覆瓦状叠生，革质。菌盖匙形、扇形、半圆形或近圆形，外伸可达 5cm，宽可达 7cm，基部厚可达 1mm；表面基部灰色至黑褐色，被黄褐色绒毛，具明显的同心环带；边缘锐，颜色稍浅，波状，干后内卷。子实层体土黄色至浅褐色，光滑，有时具不规则疣突，新鲜时触摸后变为黄褐色。菌肉浅黄褐色，厚可达 1mm，绒毛层与菌肉层之间具一深褐色环带。担孢子（5～7）μm×（2～3）μm，长椭圆形至圆柱形，无色，薄壁，光滑，淀粉质，不嗜蓝。

研究标本： WYS485。

经济价值： 造成木材腐朽。

球盖菇科（Strophariaceae）

垂幕菇属（*Hypholoma*）

烟色垂幕菇

Hypholoma capnoides (Fr.) P. Kumm., Führ. Pilzk. (Zerbst): 72 (1871)

　　菌盖直径 1～2cm，半球形，后宽凸镜形至平展，盖缘初期内卷，后稍展开至有时上卷，初期具有明显的菌幕，盖缘与菌柄由丝膜状白色菌幕连接，后期盖缘具有菌幕残片，红褐色至浅褐色。菌肉白色至灰色。菌褶直生至弯生，白色至紫褐色。菌柄长 3～5cm，直径 0.2～0.5cm，圆柱形，初期上部白色至黄白色，成熟后从基部向上逐渐变为棕褐色至锈褐色。担孢子（5～7）μm ×（3～5）μm，椭圆形至稍椭圆形，光滑，淡紫褐至紫灰色。

研究标本： WSY478。
经济价值： 食毒不明。

鳞伞属（*Pholiota*）

多鳞黄鳞伞

Pholiota gummosa (Lasch) Singer, Lilloa 22: 517 (1951) [1949]

菌盖直径 2～4cm，初期扁凸镜形至半球形，后期平展，黄褐色至深肉桂色，菌盖表面具散生的鳞片，易脱落。菌肉淡黄色。菌褶直生，淡黄褐色至棕褐色。菌柄长 2～3cm，直径 2～4mm，圆柱形，黄褐色至深褐色，下部色深，菌柄表面有褐色鳞片。未见菌环。

研究标本： WYS386，WYS388。
经济价值： 食毒不明。

多环鳞伞

Pholiota multicingulata E. Horak, Aust. J. Bot., Suppl. Ser. 10: 33 (1983)

菌盖直径 2～5cm，初期扁半球形，后期平展，中部稍突起，菌盖表面污黄色或黄褐色，边缘稍内卷，常挂有纤毛状菌幕残片。菌肉厚，致密，白色至淡黄色。菌褶近弯生至直生，稍密，黄色至淡黄色。菌柄长 3～5cm，直径 0.5～0.8cm，中生，表面黏，等粗或向下稍细，与盖面同色，纤维质。

研究标本： WYS143，WYS668。
经济价值： 食毒不明。

球盖菇属（*Stropharia*）

哈德球盖菇

Stropharia hardii G. F. Atk., J. Mycol. 12(5): 194 (1906)

　　菌盖直径3～5cm，钟形至半球形，后逐渐平展，菌盖表面有毛状小鳞片，菌盖边缘鳞片较明显。菌肉白色。菌褶直生，初期米白色，逐渐转变为棕褐色。菌柄长3～6cm，直径1～2cm，等粗或向下渐粗，基部具有白色菌丝。菌环上位，膜质，易脱落。担孢子（5～6）μm ×（3～4）μm，椭圆形，光滑，黄褐色。

研究标本： WYS147。
经济价值： 食毒未明。

革菌科（Thelephoraceae）

革菌属（*Thelephora*）

无量山革菌

Thelephora wuliangshanensis C. L. Zhao & X. F. Liu, in Liu, Tibpromma, Xu, Kumla, Karunarathna & Zhao, Diversity 13 (12, no. 646): 16 (2021)

子实体一年生，丛生，珊瑚状多分枝，分枝叶片扇形，边缘波状，灰白色、灰色至灰黑色，具环纹，高可达14cm，宽可达12cm，新鲜时轻革质。子实层体光滑至有疣突，灰色，边缘颜色渐浅。担孢子（9～12）μm×（8～9）μm，椭圆形，浅褐色，厚壁，具疣突。

研究标本： WYS77，WYS142。

经济价值： 不明。

银耳科（Tremellaceae）

银耳属（*Tremella*）

痢疾银耳

Tremella dysenterica Möller, Bot. Mitt. Trop. 8: 172 (1895)

　　子实体厚 1～3mm，长宽变化较大，棕色，蜡质至硬胶质。子实体不规则。下担子（12～20）μm ×（9～14）μm，近球形至椭圆形，纵向十字分隔成 4 个细胞，每个细胞顶端各长出 1 个上担子。担孢子（10.5～13）μm ×（6～8）μm，近卵形至椭圆形，无横隔。

研究标本： WYS563。
经济价值： 可食用。

茶色银耳

Tremella foliacea Pers., Observ. mycol. (Lipsiae) 2: 98 (1800) [1799]

子实体直径 2～3cm，近球形，由叶状至花瓣状分枝组成，茶褐色至淡肉桂色，顶端平钝，无凹缺。菌肉稍胶质，白色，干后变硬。无菌柄或菌柄较短。担孢子（9～10）μm×（6～7）μm，卵形至近球形，光滑。

研究标本： WYS116。
经济价值： 可食用。

科分类地位未定属（Family *Incertae sedis*）

白蛋巢菌属（*Crucibulum*）

白蛋巢菌

Crucibulum laeve (Huds.) Kambly, Gast. Iowa: 167 (1936)

　　子实体高3～6mm，直径4～8mm，鸟巢状至浅杯状，无柄，成熟前顶部有褐黄色至淡黄色盖膜，内有数个扁球形的小包。包被外表淡黄色、褐黄色至黄色，被绒毛，后渐光滑至褐色；内侧光滑，灰色至污白色。盖膜上有深肉桂色绒毛。小包直径1.5～2mm，扁球形，其表面有一层白色的外膜，外膜脱落后变成黑色。担孢子（7～9）μm×（4～5）μm，椭圆形至近卵形，厚壁，光滑，无色。

研究标本： WYS22, WYS36, WYS160。
经济价值： 食毒不明。

黑蛋巢菌属（*Cyathus*）

隆纹黑蛋巢菌

Cyathus striatus Willd., Fl. berol. prodr.: 399 (1787)

　　子实体高9～12mm，直径6～8mm，倒圆锥状至杯状，基部狭缩成短柄，成熟前顶部有淡灰色盖膜。包被外表暗褐色、褐色至灰褐色，被硬毛，内表灰白色至银灰色，有明显纵条纹。小包直径1.5～2mm，扁球形，褐色、淡褐色至黑色，由根状菌索固定于杯中。担孢子（10～20）μm×（10～12）μm，椭圆形至矩椭圆形，厚壁。

研究标本： WSY441。
经济价值： 食毒不明。

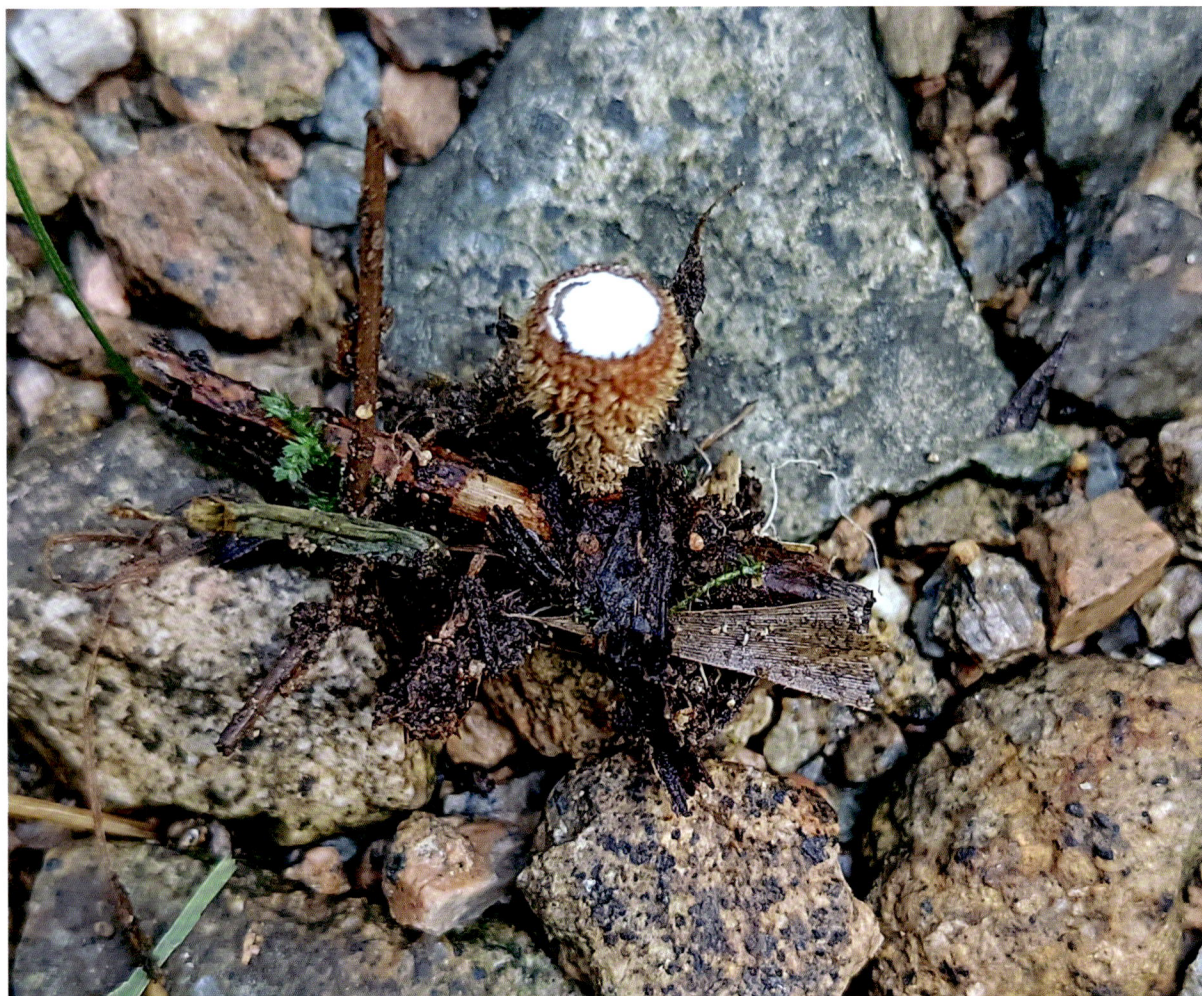

二丝孔菌属（*Diplomitoporus*）

黄二丝孔菌

Diplomitoporus flavescens (Bres.) Domański, Acta Soc. Bot. Pol. 39: 191 (1970)

子实体一年生，平伏，不易与基物剥离，新鲜时软革质，干后木栓质，长可达 5cm，宽可达 4cm，厚可达 8mm。孔口表面新鲜时橘黄色，干后黄褐色或稻草色，具折光反应；圆形或近圆形至多角形，每毫米 2～3 个；边缘薄，全缘。不育边缘柔毛状，宽可达 1mm。菌肉淡黄色，木栓质，厚可达 3mm。菌管与孔口表面同色或略浅，木栓质，长可达 5mm。担孢子（5.2～7）μm ×（2.3～2.8）μm，腊肠形，无色，薄壁，光滑，非淀粉质，不嗜蓝。

研究标本：WYS12。
经济价值：造成木材腐朽。

Pallidohirschioporus 属

双型附毛菌

Pallidohirschioporus biformis (Fr.) Y. C. Dai, Yuan Yuan & Meng Zhou, in Zhou, Dai, Vlasák, Liu & Yuan, Mycosphere 14(1): 867 (2023)

　　子实体一年生，平伏至反卷，覆瓦状叠生，革质。菌盖窄半圆形，外伸可达 2～4cm，宽可达 5～7cm，厚可达 4mm；表面灰白色至肉黄色，被细微绒毛，具同心环带；边缘钝，白色至淡黄褐色，干后内卷。子实层体白灰色至黄褐色。孔口不规则形至齿状，每毫米 2～4 个。不育边缘几乎无。菌肉较薄，厚可达 1mm，异质，上层浅灰色，菌丝疏松，下层与子实层体同色，菌丝致密。菌齿与孔口表面同色，长可达 3mm。担孢子（5.7～7.2）μm ×（2.3～2.8）μm，圆柱形，稍弯曲，无色，薄壁，光滑，非淀粉质，不嗜蓝。

研究标本： WYS451。
经济价值： 造成木材腐朽，有一定药用价值。

拟口蘑属（*Tricholomopsis*）

黄拟口蘑

Tricholomopsis decora (Fr.) Singer, Schweiz. Z. Pilzk. 17: 56 (1939)

    菌盖直径 2～6cm，初期凸镜形，边缘内卷，后期渐平展，中部下陷，边缘有时波状，黄色，表面密布浅褐色至灰褐色小鳞片，中部颜色较深。菌肉浅黄色至黄色，薄。菌褶直生至延生，黄色，密，不等长。菌柄长 3～5cm，直径 0.5～0.7cm，近等粗，浅黄色。担孢子（5～7）μm ×（3～4）μm。

研究标本： WYS392。
经济价值： 食毒不明。

Tricholomopsis rubroaurantiaca

Tricholomopsis rubroaurantiaca Hosen & T. H. Li, in Hosen, Xu, Gates & Li, Mycoscience 61(6): 343 (2020)

　　子实体中型至大型，菌盖表面为橘黄色至棕褐色，被覆棕色绒毛，直径 4～5cm，边缘钝，菌褶白色，中心带有黄色，菌褶密集，直生，菌柄直径 5～7cm，菌柄直生，中空，担孢子圆球形，（4～6）μm ×（5～7）μm。

研究标本： WYS347。
经济价值： 未知。

赭红拟口蘑

Tricholomopsis rutilans (Schaeff.) Singer, Schweiz. Z. Pilzk. 17: 56 (1939)

　　子实体小型至中型，菌盖直径 3～5cm，扁半球形至平展形，红褐色至紫褐色，中部色较深，被红褐色鳞片。菌肉厚 2mm，黄色至黄褐色。菌褶淡黄色至黄色。菌柄长 3～6cm，直径 0.5～1cm，淡黄色至黄色，具淡褐色鳞片。担孢子（6～7）μm×（3～4.5）μm，椭圆形至长椭圆形，光滑，无色。

研究标本： WYS193，WYS268，WYS612。
经济价值： 食毒不明。

参 考 文 献

毕志树,李泰辉,章卫民,等,1997.海南伞菌初志 [M].广州:广东高等教育出版社.

毕志树,郑国杨,李泰辉,等,1994.广东大型真菌志 [M].广州:广东科技出版社.

陈启武,1998.湖北省大型真菌调查——子囊菌亚门真菌名录 [J].湖北农学院学报,18(4):349–351.

陈启武,1989.神农架林区大型真菌资源调查研究 [J].湖北农学院学报,9(1):47–51.

陈言柳,林宇岚,苏明声,等,2019.江西齐云山国家级自然保护区大型真菌区系特征研究 [J].菌物研究,17(1):26–34.

陈言柳,张林平,栾丰刚,等,2019.江西老虎脑自然保护区大型真菌资源及生态分布 [J].中国食用菌,38(11):6–12.

陈作红,杨祝良,图力古尔,等,2016.毒蘑菇识别与中毒防治 [M].北京:科学出版社.

戴芳澜,1979.中国真菌总汇 [M].北京:科学出版社.

戴玉成,图力古尔,崔宝凯,等,2007.中国药用真菌图志 [M].哈尔滨:东北林业大学出版社.

戴玉成,图力古尔,王汉臣,2007.中国东北食药用真菌图志 [M].北京:科学出版社.

戴玉成,杨祝良,2008.中国药用真菌名录及部分名称的修订 [J].菌物学报,27(6):801–824.

邓春英,2012.中国小皮伞属广义球盖组分类学研究 [D].广州:华南理工大学.

邓旺秋,李泰辉,宋宗平,等,2020.罗霄山脉大型真菌区系分析与资源评价 [J].生物多样性,28(7):896–904.

李能树,沈业寿,王建琴,2002.安徽省野生食用菌、药用菌资源调查 [J].安徽大学学报,26(4):100–106.

李泰辉,邓旺秋,宋斌,等,2003.海南吊罗山已知食(药)用菌和毒菌 [J].中国食用菌,22(1):6–7.

李泰辉,宋相金,宋斌,等,2017.车八岭大型真菌图志 [M].广州:广东科技出版社.

李泰辉,章卫民,宋斌,等,1998.鼎湖山的大型真菌概况 [J].热带亚热带森林生态系统研究 (8):215–222.

李玉,李泰辉,图力古尔,等,2015.中国大型菌物资源图鉴 [M].郑州:中原农民出版社.

李玉,刘淑艳,2015.菌物学 [M].北京:科学出版社.

李玉,图力古尔,2003.中国长白山蘑菇 [M].北京:科学出版社.

刘波,1991.山西大型食用真菌 [M].太原:山西高校联合出版社.

刘旭东, 2002. 中国野生大型真菌彩色图鉴① [M]. 北京 : 中国林业出版社.

栾丰刚, 曹锐, 王国兵, 2024. 江西官山自然保护区大型真菌图鉴 (一) [M]. 北京 : 中国
　农业科学技术出版社.

马海霞, 2011. 中国炭角菌科几个属的分类与分子系统学研究 [D]. 长春 : 吉林农业大学.

卯晓岚, 2000. 中国大型真菌 [M]. 郑州 : 河南科学技术出版社.

卯晓岚, 2006. 中国毒菌物种多样性及其毒素 [J]. 菌物学报, 25(3): 345–363.

上海农科院食用菌所, 1991. 中国食用菌志 [M]. 北京 : 中国林业出版社.

宋斌, 李泰辉, 吴兴亮, 等, 2007. 中国红菇属分类及其分布 [J]. 菌物研究, 5(1): 20–42.

宋刚, 宋丽华, 王黎元, 2011. 贺兰山大型真菌图鉴 [M]. 银川 : 阳光出版社.

唐丽萍, 2015. 澜沧江流域高等真菌彩色图鉴 [M]. 昆明 : 云南科技出版社.

图力古尔, 2004. 大青沟自然保护区菌物多样性 [M]. 呼和浩特 : 内蒙古教育出版社.

图力古尔, 2018. 蕈菌分类学 [M]. 北京 : 科学出版社.

卫亚丽, 王茂胜, 连宾, 2006. 鸡油菌研究进展 [J]. 食用菌, 28(2): 1–3.

吴兴亮, 戴玉成, 李泰辉, 2011. 中国热带真菌 [M]. 北京 : 科学出版社.

吴兴亮, 卯晓岚, 图力古尔, 等, 2013. 中国药用真菌 [M]. 北京 : 科学出版社.

吴兴亮, 宋斌, 文庭池, 等, 2019. 中国虫草图志 [M]. 北京 : 科学出版社.

吴兴亮, 1989. 贵州大型真菌 [M]. 贵阳 : 贵州人民出版社.

徐江, 边银丙, 黄浩, 等, 2012. 湖北省野生食药用菌资源调查 [J]. 食用菌学报, 19(4):
　87–90.

徐俊, 张林平, 胡少昌, 2020. 江西庐山大型真菌图鉴 [M]. 南昌 : 江西科学技术出版社.

杨思思, 2014. 中国靴耳属的分类与分子系统学研究 [D]. 长春 : 吉林农业大学.

杨相甫, 李发启, 韩书亮, 2005. 河南大别山药用大型真菌资源研究 [J]. 武汉植物学研究,
　23(4): 393–397.

杨越婷, 2024. 江西官山国家级自然保护区大型真菌物种多样性研究 [D]. 南昌 : 江西农业
　大学.

杨祝良, 2015. 中国鹅膏科真菌图志 [M]. 北京 : 科学出版社.

姚发兴, 2008. 黄石地区大型真菌资源调查 [J]. 安徽农业科学, 36(4): 1595–1596, 1614.

袁明生, 孙佩琼, 2013. 中国大型真菌彩色图谱 [M]. 成都 : 四川科学技术出版社.

张俊波, 江可, 刘祈猛, 等, 2018. 江西庐山自然保护区大型真菌资源收集及调查 [J]. 生
　物灾害科学, 41(4): 275–285.

张平, 邓华志, 陈作红, 等, 2015. 湖南壶瓶山大型真菌图鉴 [M]. 长沙 : 湖南科学技术出
　版社.

张雪岳, 1991. 贵州食用真菌和毒菌图志 [M]. 贵阳 : 贵州科技出版社.

赵宽, 曹锐, 2022. 江西九岭山大型真菌图鉴 [M]. 南昌 : 江西人民出版社.

赵琪, 袁理春, 李荣春, 2004. 裂褶菌研究进展 [J]. 食用菌学报, 11(1): 59–63.

庄毅, 1993. 槐耳的鉴定与考证 [J]. 中国食用菌, 13(6): 22–23.

中文名索引
Index of Chinese Name

拉丁名索引
Index of Scientific Name